气候时代：深度剖析需求侧减排的机遇和挑战

秦 萍 李 俊 权逸飞 陈捷胜 著

科学出版社
北 京

内 容 简 介

在全球气候治理迈向"供给侧与需求侧并重"的新阶段，需求侧减排正成为实现碳中和目标的关键突破口。本书立足中国"双碳"战略与国际减排趋势，首次系统研究中国公众参与气候治理的行为逻辑与政策路径。本书突破传统研究框架，创新性整合大数据分析、问卷调查与案例研究，揭示三大主要发现：一是解析气候认知转化为实际减排行动的逻辑关系；二是量化低碳转型中的个体收益与成本权衡规律；三是提出适配中国社会文化的需求侧减排政策工具。

本书面向气候变化领域研究者、政策制定者、高等院校相关专业师生，以及关注气候变化的社会大众。作为国内首部聚焦需求侧减排的专著，本书既为研究者构建了"认知-行为-福利"三维分析框架，也为中国实现"双碳"目标提供了基于实证的需求侧减排政策干预方案，更为公众呈现了可操作的低碳实践指南。

图书在版编目（CIP）数据

气候时代：深度剖析需求侧减排的机遇和挑战／秦萍等著. -- 北京：科学出版社，2025.6. -- ISBN 978-7-03-082479-0

Ⅰ. X511

中国国家版本馆 CIP 数据核字第 2025WQ7186 号

责任编辑：林　剑／责任校对：樊雅琼
责任印制：徐晓晨／封面设计：无极书装

科 学 出 版 社 出版
北京东黄城根北街 16 号
邮政编码：100717
http://www.sciencep.com

北京建宏印刷有限公司印刷
科学出版社发行　各地新华书店经销

*

2025 年 6 月第　一　版　　开本：720×1000　1/16
2025 年 6 月第一次印刷　　印张：10 1/2
字数：230 000

定价：138.00 元
（如有印装质量问题，我社负责调换）

前 言

在气候变化的时代大背景下，绿色低碳转型已成为全球共同追求的目标。自"碳达峰、碳中和"目标上升为国家战略以来，中国政策文件中关于公众参与气候治理的讨论频率急剧上升，碳普惠机制在实践层面也迅速成长。这一趋势不仅在中国显现，国际社会对需求侧减排的关注也日益升温。政府间气候变化专门委员会（IPCC）、国际能源署、联合国环境规划署等权威机构对此给予了前所未有的重视。这些迹象强烈地提醒我们，需求侧减排正在成为全球实现气候目标的重要政策共识。

国内外政策制定者将碳中和方案逐渐聚焦到需求侧减排领域，主要基于以下三个研判：首先，仅依赖现有成熟的供给侧技术储备，实现《巴黎协定》1.5℃甚至2℃温控目标的可能性微乎其微。其次，随着经济高速发展，个人与家庭的碳排放量大幅增长，其在碳排放总量中的占比已高达60%。最后，有关需求侧减排潜力的估计，为全球气候目标的实现注入了强劲的信心。研究表明，覆盖全部门的需求侧减排方案在保障全人类享有体面生活的同时，能够以相对较低的经济成本实现2℃的温控目标。

对于中国来说，寻找一条符合国情的需求侧减排之路尤为迫切。一方面，作为全球能源消耗量和温室气体排放量最多的国家，中国正致力于实现碳达峰和碳中和。这一目标不仅代表着全球最大规模的碳排放削减，还意味着要在人类历史上最短时间内实现从碳达峰到碳中和的转变，这在世界范围内尚无先例，同时预示着更为深远的减排努力。中国庞大的人口基数及其消费服务需求，无疑构成了一个巨大的需求侧减排压力。另一方面，中国拥有庞大的绿色基础设施和世界领先的绿色技术，如全球最广泛的高铁网络和先进的新能源汽车技术，又为需求侧减排提供了坚实的硬件支持，还成为推动碳减排行为转变的重要动力。例如，从航空旅行转向高铁出行，不仅涉及时间与金钱成本的考量，更依赖于相匹配的技术水平和完善的基础设施。

这些趋势和现实情况表明，无论是从履行国际减排责任，还是从降低实现气候目标不确定性的实际需求出发，中国公众参与气候治理正迎来一个绝佳的时机，并且具备了相对成熟的条件。尽管如此，需求侧减排在中国仍然主要停留在研究和政策共识层面，公众实际参与减排的行为实践普遍不足。现有研究指出，需求侧减排不仅能够带来显著的减排效益，还能够提升民众的生活福祉，这些潜在效益有望提高公众对减排行为的接受度。个体行为研究揭示，提高公众对气候变化的认知水平是激发行动的关键，当前的主流政策实践也以此为依据，通过气候传播和知识普及活动来提升公众的气候变化认知和行动意愿。然而，如果研究表明需求侧减排与个体福利改善之间存在协同效应，并且提升公众的气候变化意识能有效促进低碳行为的采纳，那么，为何我们在实践中观察到的是高气候变化认知与低行动实践的矛盾现象呢？同时，为何我们未能见到民众积极转向低碳生活方式以获取更丰厚的个人福祉？这些明显的悖论迫使我们不得不对现有的研究路径和政策实践进行深入的反思与批判性审视。

我们认为，将需求侧减排从研究与政策共识转化为公众行为的现实，其最大挑战在于公众个体。毕竟，需求侧减排的出现是对人性的直接挑战，它要求个体转变长期以来形成的根深蒂固的认知与行为模式，这一转变又与个体需求和福利密切相关，其中，福利不仅关乎物质利益，更涉及精神层面的考量。因此，如何推动中国庞大的人口平稳过渡到绿色低碳的认知与行为模式，在实现深度减排的同时避免显著福利损失，成为需求侧减排实现的核心问题。本书尝试突破以往研究和政策的思维定式，立足于个体本身，借助多元数据源，以一种更为系统和多维度的视角重新审视和梳理需求侧减排实现过程中可能出现的问题，在此基础上厘清公众低碳行动的逻辑，并提出相应的政策解决方案。

本书的研究内容、方法和所用数据，构成了首次中国推动需求侧减排向公众低碳行动实践转化的研究创新尝试。我们希望提供与中国公众的需求相匹配、具体可行的需求侧政策工具箱，这对国内外均具有重大意义。从国内来看，这为破解当前需求侧减排停留于研究和政策共识的困境提供了丰富具体的政策工具。例如，到底应该如何设计气候传播框架，切实提升公众的行动实践力度？低碳饮食转型作为极具潜力的需求侧减排行动之一，如何改善其在中国市场上受挫的局面？在国际层面，中国若能率先探索出一套基于本土实际的需求侧减排政策方案，不仅能进一步释放能源系统转型以来的技术资源与硬件基础的减排收益，还能为全球的绿色低碳转型贡献中国智慧和中国方案。

本书的完成得益于众多同行伙伴的支持与帮助。感谢我的合作者，本书的每一页都凝聚着他们的心血，他们辛勤的付出与严谨的科研态度对于本书的完成至关重要。本书也是国家自然科学基金面上项目"中国公众应对气候变化的认知和行为研究"（项目批准号：72173126）和重点项目"温室气体减排、空气污染治理的健康效益评估与协同政策设计"（项目批准号：72134006）的结项成果，感谢国家自然科学基金委员会的大力支持。

秦　萍

2025 年 2 月 10 日

目 录

前言

第1章 绪言 1
    1.1 需求侧减排：历史演变与研究需求 2
    1.2 需求侧减排：政策进展、困境与原因分析 11
    1.3 需求侧减排：多维的研究设计 20

第2章 高温之下，公众更关注气候变化知识吗？ 23
    2.1 研究背景 23
    2.2 极端天气与公众气候认知的研究现状 25
    2.3 研究设计 26
    2.4 公众对气候变化知识关注度的时空特征 30
    2.5 气温对气候变化知识关注度的影响 33
    2.6 结论与政策建议 36

第3章 天气越热，公众越关注气候应对吗？ 38
    3.1 研究背景 38
    3.2 公众气候变化应对行为的影响因素研究回顾 39
    3.3 研究设计 42
    3.4 公众对气候变化应对行为关注度的时空特征 45
    3.5 公众对气候变化应对行为关注度的影响因素 49
    3.6 结论与政策建议 54

第4章 从传播到关注：气候议题的公众影响 57
    4.1 研究背景 57
    4.2 理论基础与研究假设 58
    4.3 变量测度与实证模型 60
    4.4 实证结果与讨论 64
    4.5 结论与政策建议 68

第5章 气温变化和家庭用水 70
    5.1 研究背景 70
    5.2 文献回顾：气温变化对家庭电力消费与用水的影响 72

- 5.3 数据介绍与实证模型 ⋯⋯⋯⋯⋯⋯⋯⋯⋯⋯⋯⋯⋯⋯⋯⋯⋯⋯⋯ 75
- 5.4 气温对家庭用水的短期影响 ⋯⋯⋯⋯⋯⋯⋯⋯⋯⋯⋯⋯⋯⋯⋯⋯ 79
- 5.5 气温对家庭用水短期影响的异质性分析 ⋯⋯⋯⋯⋯⋯⋯⋯⋯⋯⋯ 81
- 5.6 气温对家庭用水的长期影响 ⋯⋯⋯⋯⋯⋯⋯⋯⋯⋯⋯⋯⋯⋯⋯⋯ 83
- 5.7 结论与政策建议 ⋯⋯⋯⋯⋯⋯⋯⋯⋯⋯⋯⋯⋯⋯⋯⋯⋯⋯⋯⋯⋯ 84

第6章 中国公众碳足迹、减排意愿及其影响因素 ⋯⋯⋯⋯⋯⋯⋯⋯⋯⋯ 86
- 6.1 研究背景 ⋯⋯⋯⋯⋯⋯⋯⋯⋯⋯⋯⋯⋯⋯⋯⋯⋯⋯⋯⋯⋯⋯⋯⋯ 86
- 6.2 问卷设计与计量分析 ⋯⋯⋯⋯⋯⋯⋯⋯⋯⋯⋯⋯⋯⋯⋯⋯⋯⋯⋯ 88
- 6.3 公众的碳足迹及其影响因素 ⋯⋯⋯⋯⋯⋯⋯⋯⋯⋯⋯⋯⋯⋯⋯⋯ 92
- 6.4 公众的碳减排意愿及其影响因素 ⋯⋯⋯⋯⋯⋯⋯⋯⋯⋯⋯⋯⋯⋯ 94
- 6.5 结论与政策建议 ⋯⋯⋯⋯⋯⋯⋯⋯⋯⋯⋯⋯⋯⋯⋯⋯⋯⋯⋯⋯⋯ 100

第7章 中国公众对低碳饮食的消费偏好与意愿 ⋯⋯⋯⋯⋯⋯⋯⋯⋯⋯⋯ 103
- 7.1 研究背景 ⋯⋯⋯⋯⋯⋯⋯⋯⋯⋯⋯⋯⋯⋯⋯⋯⋯⋯⋯⋯⋯⋯⋯⋯ 103
- 7.2 离散选择实验设计 ⋯⋯⋯⋯⋯⋯⋯⋯⋯⋯⋯⋯⋯⋯⋯⋯⋯⋯⋯⋯ 105
- 7.3 公众对低碳饮食的态度和认知 ⋯⋯⋯⋯⋯⋯⋯⋯⋯⋯⋯⋯⋯⋯⋯ 108
- 7.4 基于离散选择模型的低碳饮食消费偏好分析 ⋯⋯⋯⋯⋯⋯⋯⋯⋯ 110
- 7.5 结论与政策建议 ⋯⋯⋯⋯⋯⋯⋯⋯⋯⋯⋯⋯⋯⋯⋯⋯⋯⋯⋯⋯⋯ 117

第8章 公众的减排行为动机：个体福利 VS 社会福祉 ⋯⋯⋯⋯⋯⋯⋯⋯ 119
- 8.1 研究背景 ⋯⋯⋯⋯⋯⋯⋯⋯⋯⋯⋯⋯⋯⋯⋯⋯⋯⋯⋯⋯⋯⋯⋯⋯ 119
- 8.2 问卷设计与基本特征 ⋯⋯⋯⋯⋯⋯⋯⋯⋯⋯⋯⋯⋯⋯⋯⋯⋯⋯⋯ 121
- 8.3 社会福祉：碳减排收益感知对减排行为采纳的影响 ⋯⋯⋯⋯⋯⋯ 123
- 8.4 个体福利：碳减排成本感知对减排行为采纳的影响 ⋯⋯⋯⋯⋯⋯ 126
- 8.5 基于人口统计学特征的减排行为采纳异质性 ⋯⋯⋯⋯⋯⋯⋯⋯⋯ 130
- 8.6 结论与政策建议 ⋯⋯⋯⋯⋯⋯⋯⋯⋯⋯⋯⋯⋯⋯⋯⋯⋯⋯⋯⋯⋯ 132

第9章 寻找需求侧减排行为中的"低垂的果实" ⋯⋯⋯⋯⋯⋯⋯⋯⋯⋯ 134
- 9.1 研究背景 ⋯⋯⋯⋯⋯⋯⋯⋯⋯⋯⋯⋯⋯⋯⋯⋯⋯⋯⋯⋯⋯⋯⋯⋯ 134
- 9.2 需求侧减排行为的成本-收益分析框架 ⋯⋯⋯⋯⋯⋯⋯⋯⋯⋯⋯⋯ 136
- 9.3 需求侧减排行为的成本-收益分析结果 ⋯⋯⋯⋯⋯⋯⋯⋯⋯⋯⋯⋯ 140
- 9.4 结论与政策建议 ⋯⋯⋯⋯⋯⋯⋯⋯⋯⋯⋯⋯⋯⋯⋯⋯⋯⋯⋯⋯⋯ 147

参考文献 ⋯⋯⋯⋯⋯⋯⋯⋯⋯⋯⋯⋯⋯⋯⋯⋯⋯⋯⋯⋯⋯⋯⋯⋯⋯⋯⋯⋯⋯ 149

第1章　绪　言

随着全球气候治理进入深度脱碳的新阶段，需求侧减排方案的战略价值得到了显著提升。IPCC 第六次评估报告（AR6）指出，需求侧减排对实现 1.5℃ 温控目标的贡献度高达 40%~70%，这一发现彻底改变了传统以供给侧为主导的气候治理模式。然而，虽然中国在推动个人和家庭减排方面持续推出政策，但是实际效果不尽人意。2012~2024 年，中国实施了 30 多项需求侧减排政策，但达到预期效果的寥寥无几。普遍观点认为政策失效的原因是公众环境意识薄弱或政策力度不足，但这些观点都局限在传统的减排行为激励框架内。实际上，随着需求侧减排方案的提出，个人和家庭减排行为的内涵和分析框架已经发生了深刻变化，传统的政策思路是否还能适应新的减排需求，是一个亟待探讨的问题。

在传统政策框架中，促进个人家庭减排主要依赖于多样化的激励措施，这些措施旨在推动那些收益相对较低的行为改变。由于这些改变对个体福利的影响较为有限，因此政策效果相对显著。然而，随着需求侧减排策略的发展，生活和行为方式的转变在长期气候变化的应对中显得尤为重要，不同减排行为所带来的收益及其对个体福利的影响也经历了显著的变化。因此，按照传统的政策思路，若忽视这些动态变化，将难以适应现阶段减排的紧迫需求。为应对这一挑战，需要对现有政策进行重新审视并构建一个更为有效的研究框架，以指导需求侧深度减排的政策设计，解决当前减排需求与政策效果之间不匹配的关键问题。

本章首先回顾需求侧减排方案的发展脉络及其特点，明确激发需求侧减排潜力的研究需求。在此基础上，分析我国现行需求侧减排政策的现状，揭示现有政策思路与实际研究需求之间的差距。最终，本章旨在弥补这一差距，构建了一个与需求侧减排方案相契合的研究框架，为本书后续分析提供指导。期望本研究的成果能够帮助我们全面而准确地理解中国公众需求侧减排行为背后的逻辑，为政策制定者提供一套有效的工具，推动全国范围内在气候行动上的共识与协作。

1.1 需求侧减排：历史演变与研究需求

需求侧减排作为缓解气候变化的重要策略，旨在引导个人和家庭转变其生活和行为模式，以减少能源消耗和降低温室气体排放，这一方案是实现碳中和目标与可持续发展目标的关键协同路径（Creutzig et al., 2018）。然而，需求侧减排的概念及其在气候治理中的作用并非静止不变，而是随着气候科学研究的深入和应对气候危机实际需求的演变而持续发展（图1-1）。

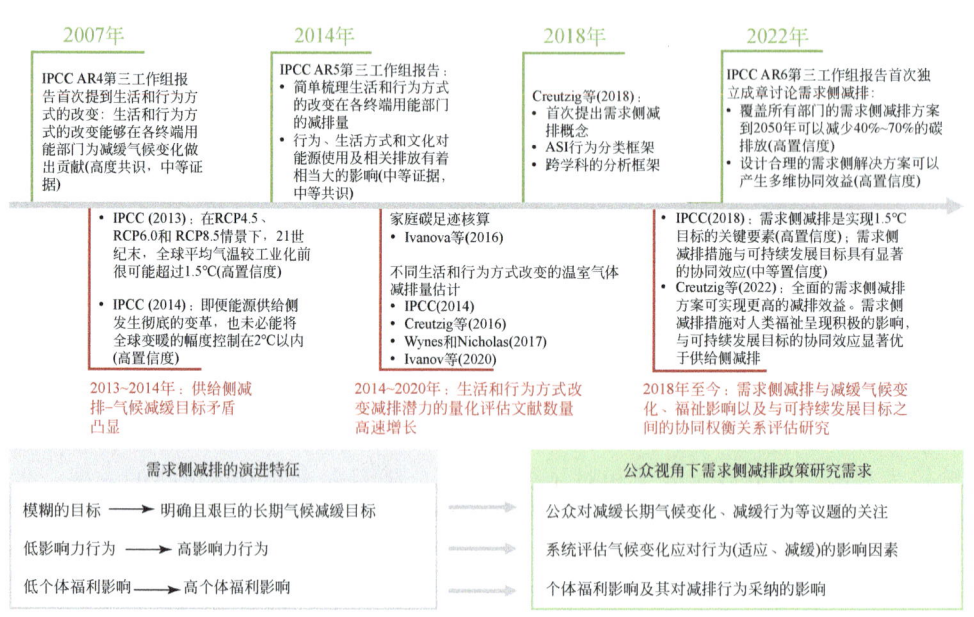

图 1-1 需求侧减排的提出及其发展
资料来源：公开文献和报告

需求侧减排的实质是对个人和家庭生活方式及行为改变的深入扩展。在需求侧减排概念正式确立之前，有关通过调整个人和家庭的生活和行为模式降低温室气体排放的探讨已然展开。回溯至 2007 年，IPCC 第四次评估报告（AR4）中的第三工作组报告首次探讨了生活和行为方式的转变与气候变化减缓之间的关联。该报告明确提出，生活和行为方式的改变能够在多个终端用能部门为减缓气候变化贡献力量。例如，通过信息干预和气候教育可以培育环保驾驶习惯，进而减少交通领域的温室气体排放（IPCC, 2007）。虽然当时由于研究证据的局限性，生活和行为方式改变与温室气体减排的联系主要以定性描述的形式出现，但这一观点打破了以往仅从供给侧技术角度探讨气候变化减缓方案的框架，为需求侧减排的后续提出和进步奠定了坚实的理论基础。

供给侧减排的局限性日益凸显,加之对个人家庭领域气候科学研究的深入,推动了需求侧减排概念的提出及其演变。根据IPCC第五次评估报告(AR5)第一工作组和第三工作组报告的结论,如果继续当前的排放趋势,到21世纪末,全球平均气温很可能较工业化前上升超过1.5℃(IPCC,2013)。即便能源供给侧发生彻底变革,将全球变暖控制在2℃以内也仍然是一个挑战(IPCC,2014)。供给侧减排在达成气候目标方面的不足,促使科研重心转向对生活和行为方式改变减排潜力的量化评估,以探索更有效的应对策略。文献计量分析显示,2014~2020年,相关研究的年增长率达到了15%,发表总量是之前的两倍(Creutzig,2021)。

在这一研究领域,家庭碳足迹的核算与减排收益的量化评估成为关键研究议题。Ivanova等(2016)的研究首次将家庭碳足迹作为核心议题,揭示了一个重要事实:全球家庭碳足迹在总温室气体排放中所占比例超过60%。在减排收益评估方面,IPCC第五次评估报告第三工作组基于当时有限的量化研究,初步探讨了生活和行为方式改变在各个终端用能部门中的温室气体减排潜力。例如,通过推广可持续饮食和减少食物浪费等措施,预计到2050年,农业、林业和其他土地利用部门每年可实现的减排量介于0.76~8.6Gt二氧化碳当量(IPCC,2014)。

Creutzig等(2016)进一步整合了IPCC第五次评估报告与最新研究成果,首次系统性地总结了生活和行为方式改变对温室气体减排的贡献(表1-1)。虽然Creutzig等(2016)对减排行为的梳理可能不及后续研究全面,但其系统性文献回顾强调了扩大行为转变范围的重要性,为后续研究提供了启发。此后,全面覆盖生活和行为方式改变的减排潜力评估研究成为主流。代表性的研究如Wynes和

表1-1 Creutzig等(2016)对需求侧减排潜力的讨论 (单位:%)

终端部门	需求侧减缓行为	温室气体减排潜力
城市规划	提供充足的低碳基础设施	5~10
交通	价格手段	15~25
	更紧凑的道路街道规划	美国:10
		欧洲:5
	行为转变(信息干预、市场影响手段)	10
	总计	20~50
旅游业	转向低碳交通模式	44

续表

终端部门	需求侧减缓行为	温室气体减排潜力
建筑部门	发达国家背景：短期行为转变	>20
	发达国家背景：长期行为转变	50
	发展中国家：行为转变	较低
	采暖：调整温度设定	10~30
	制冷：上调制冷温度，改变着装习惯等	50~67
	洗衣与烘干行为	10~100
	烧水与烹饪行为转变（如缩短淋浴时间）	50
	室内照明行为	70
	冰箱节能行为	30~50
	洗碗节能行为	75
农业和其他土地利用	技术潜力	70
	转向可持续的饮食结构	36

资料来源：Creutzig et al., 2016

Nicholas（2017）对不同生活和行为方式的温室气体减排量进行了详细核算（图1-2）；Ivanova 等（2020）系统地回顾梳理了生活和行为方式改变的碳减排量核算文献（图1-3）。这些研究不仅拓宽了生活和行为方式改变的范围，还开始强调不同行为改变减排潜力的排序。例如，无车生活、避免长途往返飞行、素食等行为的减排效果显著高于使用节能灯泡、随手关灯等行为。

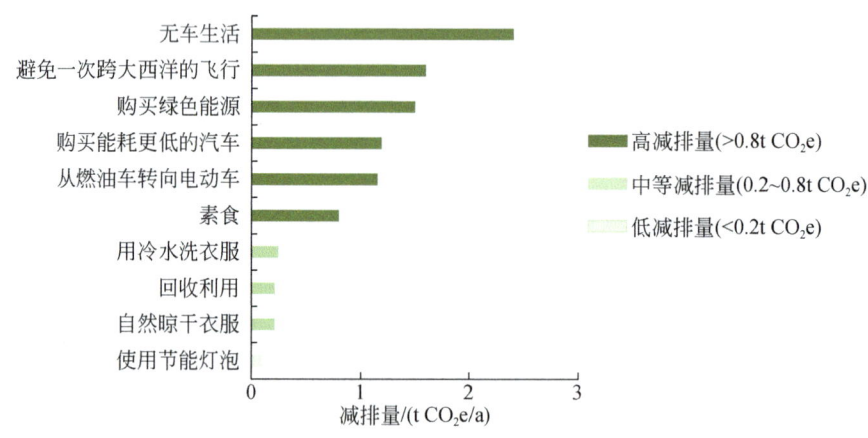

图1-2 发达国家公众不同行为改变的温室气体减排量均值

注：CO_2e 表示二氧化碳当量

资料来源：Wynes and Nicholas, 2017

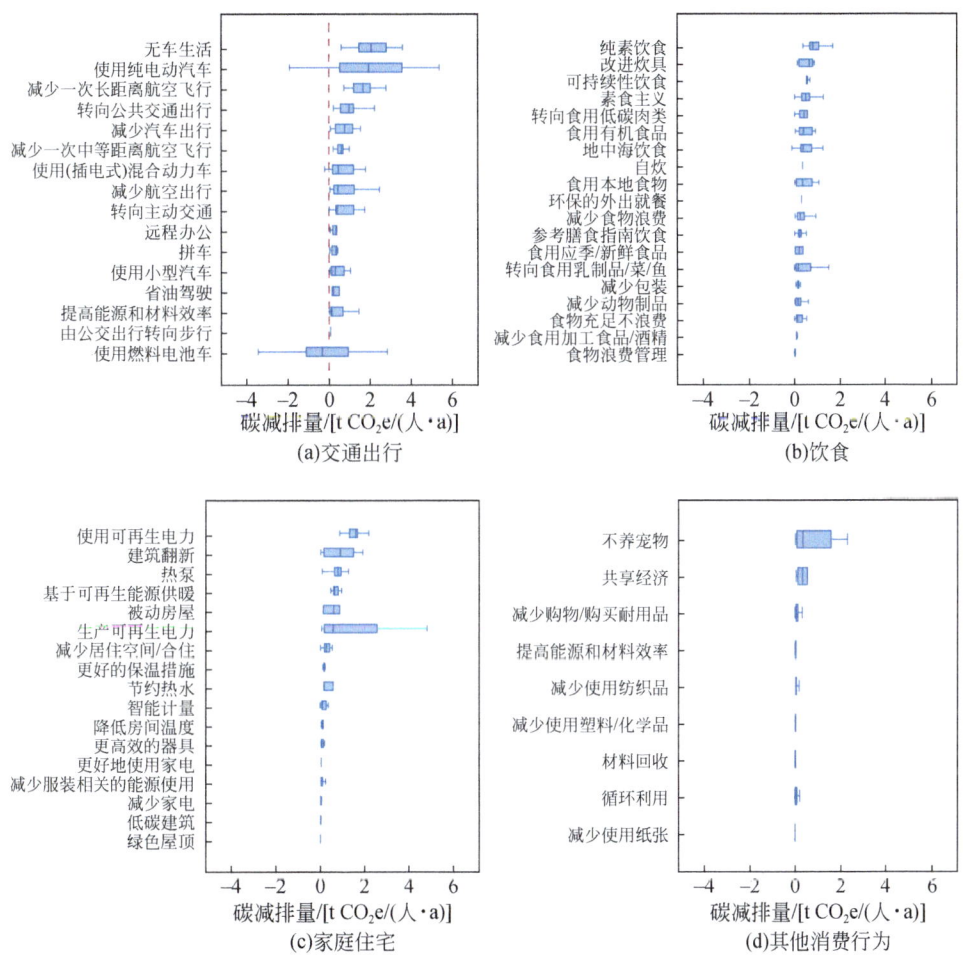

图1-3 不同生活和行为方式改变的减排量

资料来源：Ivanova et al., 2020

随着量化评估研究的持续深入，将生活方式和行为模式的转变纳入气候减缓策略的分析成为一个核心议题。因此，首先需要为生活方式和行为模式的改变确立一个与供给侧减排相对应的概念，并构建一个独立的分析架构。Creutzig等（2018）开创性地提出了需求侧减排的理念，即通过调节人们对商品和服务的需求实现能源消耗和温室气体排放的降低。在此基础上，他们推出了ASI分类体系（表1-2），将需求侧减排的具体行为划分为避免（avoid）、转变（shift）和改进（improve）三个主要类别。其中，"避免"类行为旨在通过改变消费习惯或重新构思服务供应模式减少和规避不必要的消费，如降低食物浪费、摒弃一次性产品、推广远程工作（减少长途出差）等；"转变"类行为则鼓励公众转向更为环保的低碳技术和服务，如从私家车出行转向公共交通、从荤食习惯转向素食等；"改进"类行为专注于提升现有供应链的技术效率，以降低排放，如优化建筑保温系统、采用低碳材料等。

表1-2 需求侧减排的ASI分类框架

部门	避免	转变	改进
交通部门	交通和土地利用规划、智能物流、远程办公、紧凑型城市	从私家车出行转变为骑行、步行或乘坐公共交通出行	环保驾驶、购买电动汽车、车辆轻化
建筑业	被动式房屋或改造（避免供暖/制冷需求）、更改温度设定	热泵、区域供热和制冷、热电联产、变频空调	冷凝锅炉、绝缘隔热材料、节能电器
产品制造与服务业	耐用面料和家电、共享经济、生态工业园区、循环经济	建筑和基础设施转向使用可再生材料、低碳材料	使用低碳面料、新制造工艺和设备使用
食品	减少食物浪费	从动物肉转向其他蛋白质来源	回收利用食物垃圾、节能冰箱、健康的新鲜食品取代加工食品

资料来源：Creutzig et al., 2018

在分析框架的构建上，Creutzig 等（2018）超越了传统自然科学的界限，强调了跨学科的需求侧减排分析框架的必要性。他们提倡融合自然科学、心理学、社会学、政治科学等多个学科的知识，全面评估需求侧减排行为的潜力，探讨实现行为改变的途径、有效的政策干预措施，以及这些措施如何与可持续发展目标和提升人类福祉相互协调及权衡。这一框架为深入理解需求侧减排提供了多维度的视角，为未来的研究和实践指明了方向。

随着需求侧减排的概念、行为分类体系以及分析框架的基本确立，后续研究主要围绕这一框架展开，探讨需求侧减排在减缓气候变化方面的潜力、对福祉的影响，以及与可持续发展目标之间的协同权衡关系。2018年，IPCC《全球升温1.5℃特别报告》详细分析了4种可能的1.5℃温控路径。报告指出，考虑需求侧减排的低能源需求路径能够显著减轻供给侧技术的减排压力，凸显了需求侧减排在实现1.5℃目标中的关键作用。此外，需求侧减排措施与可持续发展目标之间存在显著的协同效应（IPCC，2018）。在此基础上，Creutzig 等（2021）基于ASI分类框架，对IPCC（2018）的研究进行了进一步拓展，更为全面地考虑了直接能源需求之外的其他终端能源使用部门的需求侧减排措施的减排潜力。研究发现，相较于仅考虑直接能源消费减少的情景，更为全面的需求侧减排方案能够实现更高的减排收益，并显著降低建筑、航空等领域实现可持续发展目标所需的供给侧减排压力（图1-4）。此外，基于专家评估法的研究显示，需求侧减排措施总体上能够改善人类福祉（表1-3），与可持续发展目标的协同效应显著优于供给侧减排（图1-5）。

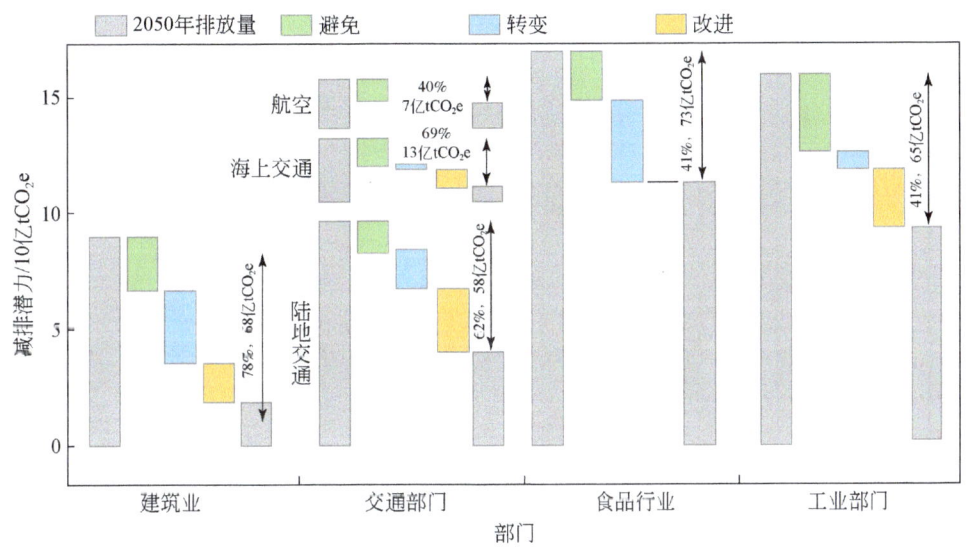

图1-4 ASI框架下需求侧减排策略在终端部门的减排潜力

资料来源：Creutzig et al., 2021

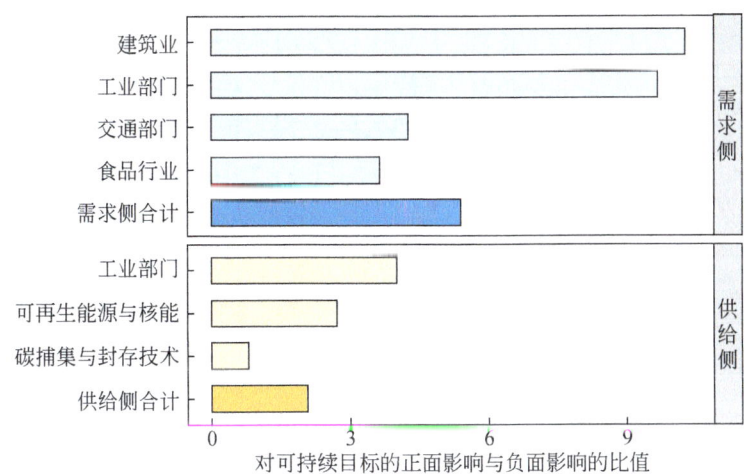

图1-5 可持续发展目标与需求/供给解决方案之间协同效应加权总和与权衡加权总和的比值

资料来源：Creutzig et al., 2021

表 1-3 需求侧减排措施对福利的影响

部门	可持续发展目标	需求侧减排行为/福利	2 食物	6 水	7,11 空气	3 健康	6 卫生	7 能源	11 居住	11 流动性	4 教育	1,2,8,10 社会保障	5,10,16 参与	5,16 个人安全	10,16 社会联结	11,16 政治稳定	8 经济稳定	9,12 物质供应
建筑行业	充足		+1	+2	+2	+3	+1	+3	+1	+1	+1	+1	+1	+1	+2		+2	+2
	效率		+2	+2	+3/-1	+3/-1		+3	+2	+1	+1		+1	+1	+2/-1		+2	+2/-1
	低碳与可再生能源		+2/-1	+2/-1	+3	+3	+1	+3	+1		+1			+1	+2/-1		+2/-1	+2
食品行业	食物浪费		+1	+1/-1	+1/-1	+2		+1	+1			-1/+1	+1			+1	+1	
	过度消费		+1	+2	+1/-1	+3	+1	+1/-			+1	+3	+2	+1/-1		+1		
	非动物蛋白		+2	+1	+1	+3		+1	+1			+1	+1	+2	-1	+2		+2
交通部门	远程办公		+1					+2	+2	+2	+1	+1	+1	+2	+2	+2	+2	
	非机动交通		+2	+1	+3	+2	+1	+2	+3	+3	+1	+2	+1	+1/-1	+1		+2	-1
	共享交通		+1	+2	+1	+2	+1	+1	+2/-1	+2	+1	+3	+2	+1	+1/-1	-1	+1	+1
	纯电动汽车		+2/-1	+1	+2/-1	+3/-1	+1	+3/-1	+1	+1	+2	-1	+1	+2	+1		+2	+3
城市部门	紧凑型城市		+2	+1	+2	+3/-1	+1	+3	+1/-1	+1	+2		+1	+1	+1/-1		+2	+3
	循环和共享经济		+2	+2	+1	+1	+1	+3	+2	+2		+2	+1	+1	+1		+1	+1
	系统方法		+2	+2	+1	+1	+1	+3	+1	+1	+2		+3	+1	+1		+2	+3
	基于自然的解决方案		+2	+2	+3/-1	+3	+1	+3	+1/-1	+1	+2	+2	-1	+1	+2/-2	+3	+3	+1
工业部门	减少材料使用		+2	+2	+2	+1	+1	+2	+2	+2	+1	-1	+2	+1			+2	+3
	延长产品寿命		+2	+2	+1	+1	+1	+2	+2	+2	+1	+2	+1	+1		+1	+2	+1
	能效		+2	+2	+1	+1	+1	+1	+2	+1			+2	+2		+2	+2	+2
	循环经济		+2	+2	+1	+1	+1	+3	+2	+2			+2				+2	+3

注:"可持续发展目标"一行的数字表示相应的17项联合国可持续发展目标的序号,表格中的数字+3、+2、+1、-1、-2、-3分别表示需求侧减排行为与可持续发展目标之间在高度的积极影响、中等的积极影响、较低的积极影响、较低的负面影响、中等的负面影响以及高度的负面影响。空白处表示无影响。方框中正负抵消的情况表示总体上需求侧减排行为对福利保持中立。

资料来源:Creutzig et al., 2021

2022年4月，IPCC第六次评估报告第三工作组报告首次独立成章，从减排潜力、气候减缓路径、福祉影响、行为驱动因素与政策干预等方面对需求侧减排进行了全面深入的阐述，基本上重塑了传统气候治理的供给侧主导范式，使得需求侧减排方案在减缓长期气候变化中的战略价值获得了根本性的跃升。在减排潜力与气候减缓路径的分析方面，报告在引用Ivanova等（2020）、Creutzig等（2021）关于需求侧减排潜力研究（图1-3和图1-4）的基础上，最大的突破在于整合了最新基于综合评估模型的研究，定量阐述需求侧解决方案在长期气候减缓路径中的作用。如表1-4所示，考虑需求侧减排行为的长期气候减缓路径，在2050年能够比以技术为中心的2℃和1.5℃供给侧减排情景分别多减排19亿t CO_2 和31亿t CO_2。综合来看，覆盖所有部门的需求侧减排方案到2050年可以减少40%~70%的碳排放。在福祉影响方面，报告延续Creutzig等（2021）的结论（表1-3），指出设计合理的需求侧减排将带来增进福祉、促进公平、强化信任等诸多协同效益。在行为驱动因素与政策干预方面，硬件基础设施和软性因素是推动减排行为转变的两大驱动因素。硬件基础设施包括实现减排行为所需的物理设施环境，如便捷的公共交通系统、科学合理的城市规划；软性因素则包含社会文化、心理认知和行为规范的构建等。具体到政策工具上，政策制定者需要综合考虑两方面的因素，以多元化的政策组合加速转型进程。

表1-4 部分长期气候减缓路径

情景（温度）	需求侧减排措施	基准情景	减排潜力 CO₂/10亿t	最终能源/EJ	一次能源/EJ
生活方式改变情景（2℃）	避免：调整空调温度、缩小住房面积、缩短淋浴时间、降低洗涤温度、减少待机损耗、减少汽车出行、减少塑料使用 转变：从汽车转向自行车和铁路出行 改进：改善塑料回收技术	2℃以技术为中心的情景（2050年）	1.9		
生活方式改变情景（1.5℃）	避免：调整空调温度，减少家电使用 转变：从私家车转向公共交通，减少肉类摄入，推广植物肉 改进：在各领域应用最佳可行技术	1.5℃以技术为中心的情景（2050年）	3.1		
有限的BECCS-生活方式改变情景（1.5℃）	避免：调整空调温度，减少家电使用 转变：从私家车转向公共交通，减少肉类摄入，推广植物肉 改进：在各领域应用最佳可行技术	1.5℃以技术为中心的情景（2050年）	2.2		82

续表

情景（温度）	需求侧减排措施	基准情景	减排潜力 CO$_2$/10 亿 t	最终能源/EJ	一次能源/EJ
生活方式情景（1.5℃）	避免：减少交通服务需求，减少需求 转变：减少肉类摄入	1.5℃以供给侧技术为中心的情景（2050 年）		42	

注：BECCS 表示生物质能–碳捕集与封存（Bio-Energy with Carbon Capture and Storage）技术，其能将生物质燃烧或转化过程中产生的 CO_2 进行捕集、封存，与传统碳捕集与封存（Carbon Capture and Storage）技术的区别是可以实现负排放

资料来源：IPCC 第六次评估报告第三工作组报告第五章内容

追溯需求侧减排的发展历程，不难发现，其演进并不仅仅是生活和行为方式改变的简单扩展，而是一场涉及行为目标、实现要求以及个体福利影响等多个维度的深刻变革。这些变革特性对需求侧减排政策的有效实施提出了新的研究要求。

首先，需求侧解决方案为个人和家庭的生活与行为方式改变设定了明确且宏伟的长期气候减缓目标。为了达到预期的行动目标，公众的认知也需同步转变。在需求侧减排概念正式提出之前，个人和家庭的低碳减排行为多基于模糊的环保意识，缺乏明确的目标导向。需求侧减排自诞生起，便肩负着填补供给侧技术减排与气候目标之间差距的重任。随后的一系列量化评估研究和长期气候减缓路径的研究进一步巩固了需求侧减排行为在减缓长期气候变化中的关键作用。在当前气候治理矛盾日益突出的背景下，需求侧减排在减缓长期气候变化中的必要性得到了政策制定者和学术界的广泛认同，但其实现程度在很大程度上取决于公众是否达成了共识。只有当公众认识到其行为改变对于应对长期气候变化的重要性时，他们才可能采取与长期气候减缓目标相匹配的行动。因此，从公众视角出发，理解他们对长期气候变化减缓、减排行为等关键议题的关注及其逻辑构成是推动需求侧减排实现的重要基础。

其次，明确且宏伟的气候减缓目标迫切需要更大范围、更高减排收益的行为改变。从需求侧减排潜力评估研究的发展来看，早期研究集中在探讨行为改变在不同终端用能部门的减排贡献。随着研究的深入，研究者开始强调不同行为改变的减排收益排序。这一变革突显了在深度减排需求下，优先推动高减排收益行为实现的重要性。然而，由于气候应对行为的多样性，高减排收益行为的实现过程中存在诸多干扰。公众可以在多样的减排行为中选择那些易实施、减排收益较低的低影响力行为，如随手关灯、节约用水；或者通过知识学习、购买保险、寻求物质与心理援助等方式主动适应气候变化。在需求侧减排对实现长期气候目标的

贡献尚未得到明确估计之前，这种多样化的行为选择干扰可能并不重要。但当需求侧减排的重要性得到量化确认后，如何避免多样化的行为权衡对高影响力减排行为的干扰，确保高减排收益行为的优先实现，就成为需求侧减排政策设计中不可忽视的因素。因此，需要系统分析公众在不同气候变化应对行为之间的选择特征，理解不同选择背后的影响因素，进而制定针对性的政策措施，消除障碍，充分激发需求侧的减排潜力。

最后，高减排收益的行为要求个体进行更深入的生活和行为方式转变，使得个体福利分析成为需求侧减排研究中不可忽视的一环。具有巨大减排潜力的行为改变往往会触及公众长期形成的生活和消费习惯，对个体福利产生显著影响。这种影响不仅体现在消费支出的增加等经济层面，更体现在心理层面。许多看似经济实惠的减排行为实际上可能给公众带来巨大的心理负担，降低他们的生活幸福感，导致他们对这些减排效果显著的行动产生抵触。例如，从减排收益的角度来看，鼓励肉食爱好者转向素食是政策干预的优先选择，但这可能导致个体在饮食体验和生活幸福感上产生巨大落差，进而引发气候减缓目标与个体福利之间的矛盾。因此，政策制定者在制定和推行需求侧减排政策时，必须充分考虑行为改变对个体福利的影响及其主要驱动因素，寻求减排收益与个体福利之间的平衡点，以促进高影响力行为的实现。

1.2 需求侧减排：政策进展、困境与原因分析

在当前气候危机日益严峻的背景下，科学界对需求侧减排达成的广泛共识不仅为气候治理的路径提供了新的指引，还对我们提出了更为严格的要求。作为全球最大的温室气体排放国和发展中国家，需求侧减排策略对于中国达成碳中和目标具有至关重要的意义。实际上，在国际社会广泛探讨需求侧减排概念之前，中国就已经着手进行了一系列旨在促进个人和家庭行为低碳转型的政策试验，然而，成效并未完全达到预期。针对这一现状，本节将回顾中国需求侧减排政策的发展历程与现状，并力图解答以下问题：在需求侧减排政策的实施过程中，中国面临着哪些挑战？可能的解决策略是什么？

1.2.1 政策进展

表1-5梳理了中国当前主要的需求侧减排政策。总体来看，中国的需求侧减排政策实践紧密围绕技术-基础设施供给和社会文化-心理认知两大关键驱动因素，构建了一个政策工具多样化、覆盖面广泛的政策体系。

| 气候时代：深度剖析需求侧减排的机遇和挑战 |

表1-5 中国部分现行主流的需求侧减排政策实践梳理

减排措施		驱动因素	政策/文件（年份）	具体政策措施
多场景		心理认知	(1)低碳城市试点（2010） (2)"全国节能宣传周"（1991）、"全国低碳日"（2013）	积极发挥舆论对社会公众的宣传教育，通过开展节能减排、低碳宣传活动，多渠道多方式、多途径强化居民低碳消费意识，改变人们的生活理念
		激励	碳普惠机制（2021）	以生活消费为场景，对公众的绿色低碳行为进行赋值，并采用积分兑换、消费券奖励等形式对减碳量进行奖励
交通领域	鼓励公交、自行车出行	技术基础设施供给、价格机制、激励	(1)《关于鼓励和规范互联网租赁自行车发展的指导意见》（2017） (2)《关于推进城市公共交通健康可持续发展的若干意见》（2023）	(1)合理布局慢行交通网络和自行车停车设施，积极推进自行车道建设 (2)优化城市公共交通线网，促进城市公共电车和城市轨道交通衔接融合；加强绿色出行和公交出行宣传，鼓励绿色出行奖励和错峰出行差异化停车收费政策，建立绿色出行奖励和错峰出行制度等
	购买电动车/车辆轻化	技术基础设施供给	(1)《汽车产业中长期发展规划》（2017） (2)《中共中央国务院关于全面推进美丽中国建设的意见》（2023） (3)《关于进一步提升电动汽车充电基础设施服务保障能力的实施意见》（2022） (4)《关于组织开展公共领域车辆全面电动化先行区试点工作的通知》（2023） (5)《关于开展县域充换电设施补短板试点工作的通知》（2024）	(1)到2025年，新能源汽车占汽车产销的20%以上 (2)到2027年，新增汽车中新能源汽车占比力争达到45% (3)探索单位和园区内部充电设施开展"光储充放"一体化试点应用 (4)提升充换电服务保障能力，新增公共充电桩与公共领域新能源车推广数量比例力争达到1∶1，高速公路服务区充电设施车位占比预期低于小型停车位的10% (5)中央财政将支持试点县开展试点工作，力争实现充换电基础设施"乡乡全覆盖"

| 12 |

续表

减排措施		驱动因素	政策/文件（年份）	具体政策措施
交通领域	购买电动车/车辆轻化	提供产品信息、鼓励	(1)《关于开展 2022 新能源汽车下乡活动的通知》（2022） (2)《关于开展 2024 年新能源汽车下乡活动的通知》（2024）	(1) 选择三四线城市、县区举办新能源汽车专场、巡展、企业活动，支持企业与电商、互联网平台等合作举办直播或网络购车活动，通过网上促销等方式吸引更多消费者购买 (2) 推动无换电服务、信贷、理赔等金融保险服务、售后维修服务等协同下乡
		激励	(1)《关于新能源汽车免征车辆购置税有关政策的公告》（2020） (2)《关于延续新能源汽车免征车辆购置税政策的公告》（2023）	(1) 自 2021 年 1 月 1 日～2022 年 12 月 31 日，对购置的新能源汽车免征车辆购置税 (2) 对购置日期在 2023 年 1 月 1 日～12 月 31 日的新能源汽车免征车辆购置税
		行为外显并给予认可	绿色牌照	新能源汽车之绿色牌照
	高铁出行	技术/基础设施供给	(1)《国家综合立体交通网规划纲要》（2021） (2)《关于加快建设国家综合立体交通网主骨架的意见》（2022）	(1) 到 2035 年，铁路线网里程达到 20 万 km 左右 (2) 到 2025 年，实线线网里程达到 26 万 km 左右。"八纵八横"高速铁路主通道基本建成；到 2030 年，主骨架基本建成，实体线网里程达到 28 万 km 左右；到 2035 年，主骨架全面建成，基础设施质量和安全、智能、绿色水平达到世界前列
能源消费	减少制冷供热能耗	行为规范	空调制冷、取暖温度设定提示	通过电力公司短信提示能性居民将空调温度设置为 26℃及以上（下）
		奇格机制	阶梯电价	用电量越高，边际电价越高
		激励	《电力需求侧管理办法（2023 年版）》（2023）	有序引导具备响应能力经营性电力用户参与需求响应，鼓励推广新型储能、分布式电源、电动汽车、空调负荷等主体参与需求响应
	能效提升	提供产品信息	能效标签	一级到五级能效标识

| 13 |

| 气候时代：深度剖析需求侧减排的机遇和挑战 |

续表

减排措施		驱动因素	政策/文件（年份）	具体政策措施
食品部门	避免食物浪费	行为外显并给予认可	光盘行动，光盘打卡	各大城市、高校广泛开展光盘行动，光盘打卡热潮
		行为规范	(1)《中华人民共和国反食品浪费法》(2021) (2)《粮食节约和反食品浪费行动方案》(2024)	(1) 倡导营养均衡、科学适量的健康饮食习惯，引导家庭按需采买、储存食材 (2) 把粮食安全教育、勤俭节约教育融入课堂教学活动
	肉类饮食转向素食为主	行为规范、提供信息、技术/基础设施供给	(1) 国民膳食指南 (2)"健康中国2030"规划纲要 (2016) (3) 素食餐厅建设	(1) 引导居民形成科学的膳食习惯 (2) 推进健康饮食文化建设，重点解决微量营养素缺乏、部分人群油脂等高热能食物摄入过多等问题 (3) 各大城市机关food堂单位开设素食餐厅
	产品绿色包装	行为规范、技术/基础设施供给	《关于进一步加强商品过度包装治理的通知》(2022)	(1) 安排中央预算内投资支持符合条件的可循环快递包装配送体系建设、专业化智能回收设施建设等项目 (2) 鼓励消费者绿色消费，购买简约包装商品
其他生活方式	垃圾分类收利用	技术基础设施供给、行为规范	生活垃圾分类试点城市、示范地区建设	建设社区生活垃圾分类驿站建设，可回收物集中投放点，制定生活垃圾管理条例（办法），指导意见，垃圾分类宣传教育
		技术基础设施供给	《2030年前碳达峰行动方案》(2021)	加快建立覆盖全社会的生活垃圾收运处置体系，全面实现分类投放、分类收集、分类运输、分类处理
	避免使用一次性塑料袋	价格机制	《国务院办公厅关于限制生产销售使用塑料购物袋的通知》(2007)	禁止生产、销售、使用超薄塑料购物袋。实行塑料购物袋有偿使用制度

首先，针对技术-基础设施供给这一驱动因素，中国以坚定的决心和务实的行动，在各个终端部门掀起了一场绿色技术与基础设施的深刻变革。例如，在交通领域，中国通过编制基础设施规划纲要，发布一系列指导意见，大力推动公共交通、高铁网络、充电桩及自行车步道等基础设施建设，为公众转向低碳出行提供了坚实的硬件基础。在垃圾分类回收方面，自 2017 年《生活垃圾分类制度实施方案》发布以来，垃圾分类已成为经济社会发展的常态举措。2021 年发布的《2030 年前碳达峰行动方案》（后文简称"方案"）进一步强调，要"扎实推进生活垃圾分类，加快建立覆盖全社会的生活垃圾收运处置体系"。在方案的指导下，地方政府通过财政补贴、建设专业智能回收柜和分类回收站等措施积极引导居民参与垃圾分类回收。

其次，针对社会文化-心理认知等软性驱动因素，中国展现了灵活多样的政策策略。通过制定行为规范、实施激励措施、运用价格杠杆等手段，助力公众克服减排行为采纳的心理障碍，提高对减排技术和行为的接受度。例如，在食品部门，2021 年 4 月实施的《中华人民共和国反食品浪费法》对减少食物浪费、厨余垃圾源头减量和回收利用提出了明确要求。同时，通过发布国民膳食指南、开展健康中国行动、引导素食餐厅建设等措施，从观念和生活方式上引导居民形成科学、绿色的膳食习惯。在交通部门，连续推出新能源汽车补贴、新能源汽车下乡活动等政策，激发居民购买新能源汽车的热情。在能源消费方面，通过能效标签、空调温度设定信息提示等方式潜移默化地引导居民减少日常能源消耗。

此外，中国还积极探索开展了覆盖多场景的低碳城市试点建设和碳普惠自愿碳减排机制。低碳城市试点建设通过全国性的气候变化和节能减排知识普及教育活动引导全社会共同参与碳减排。碳普惠机制源于"双碳"战略目标，通过对居民衣食住行方面的行为改变赋予减排价值，并采用积分兑换、消费券奖励等激励措施，鼓励众人实施减排行为。在顶层设计与政策的指导下，碳普惠机制近年来在中国迅速发展，从方案制定、制度探索、标准建立，到平台搭建、地方实践、企业合作、管理运营，各个环节均展现出旺盛的生命力。截至 2023 年 9 月，全国已有 21 个省（自治区、直辖市）将建立碳普惠机制列为重点工作（中国国际低碳学院等，2024）。

1.2.2 成效与挑战

无论是从行为覆盖的范围，还是从政策种类的丰富程度和实施强度来看，几乎可以认为中国在需求侧减排政策方面付出的努力堪称全球典范。然而，虽然上述政策在个别领域取得了一定进展，但从整体来看，这些措施在执行的过程中几乎都遇到了较大的阻碍：要么政策难以落地实施，要么强行落地后结果与预期目标相去甚远。

从微观层面的行为调查研究来看，中国的需求侧减排政策，特别是那些针对高减排收益行为的政策，始终未能克服影响力有限和公众参与度不足的挑战。表1-6汇总了2012~2024年中国公众减排行为的一些调查结果。例如，李秀菊和王健（2012）、王玉君和韩冬临（2016）等学者指出，中国公众更倾向于采取简单易行但减排效果相对较弱的行为，如购物时自备购物袋、不使用时拔掉家用电器插头、关注广播电视上有关气候变化的信息，而对如避免使用一次性餐具、垃圾分类回收等减排效果更佳的行为采纳率则普遍偏低。与此同时，2012~2024年，虽然中国政府针对这些领域推出了多项政策措施，但是相关问题并未得到显著改善。

表1-6 中国公众减排行为调查部分研究结果整理

主要结论	文献来源
行为频率（很少） （1）避免使用一次性餐具：72.1% （2）垃圾分类回收：41.3% （3）避免使用一次性购物袋：16.7% （4）外出时搭乘公交地铁：6.5%	李秀菊和王健（2012）
行为频率（从不/偶尔） （1）垃圾分类投放：87.7% （2）避免使用一次性购物袋：59.6% （3）重复利用塑料包装袋：49.7%	王玉君和韩冬临（2016）
1. 总体样本各行为参与率 　（1）旧物回收：40% 　（2）绿色生活（垃圾分类、光盘行动、外卖无餐具）：45.5% 　（3）绿色出行（公交、步行、骑车）：94.5% 2. 深圳市碳普惠各行为参与率 　（1）买咖啡时自带杯：1.45% 　（2）旧物回收：4.35% 　（3）地铁出行：34.28% 　（4）步行：55.93% 3. 武汉市碳普惠各项行为参与度 　（1）垃圾分类：3% 　（2）避免使用一次性塑料袋：3% 　（3）公交出行：14% 　（4）新能源车出行：19% 　（5）地铁出行：26%	中国国际低碳学院等（2024）

例如，根据最新发布的碳普惠调查报告（中国国际低碳学院等，2024），全国范围内以及各地区在垃圾分类和回收行为方面的参与度均较低。以武汉市为例，自1996年起该市便多次尝试垃圾分类试点，并在2020年颁布了《武汉市生活垃圾分类管理办法》以及相应的处罚措施，但是居民的实际垃圾分类回收参与率仅为3%。

从政策评估相关的研究来看，中国的各项需求侧减排政策也普遍存在影响力不足和效果不明显的问题。例如，Yang等（2025）研究发现，虽然低碳城市试点政策确实降低了我国居民的生活碳排放强度，但这种效果主要得益于供给侧的技术进步，而非需求侧公众减排意识和行为的转变。在交通领域，自2010年起实施的新能源汽车财政补贴和税收减免政策对新能源汽车销量的实际贡献率不到50%（李国栋等，2019；郭晓丹和王帆，2024），这主要是因为新能源汽车在续航里程和充电设施便利性方面与传统燃油车相比仍有较大差距，导致其对燃油车的替代性不足。不仅如此，在中国当前的发电结构下，替代燃油车减少的碳排放量不足以抵消补贴下带来的汽车销量增加所产生的碳排放量，最终导致部分省份（自治区、直辖市）碳排放量净增加，因此补贴并不是一项有效的减排政策（郭晓丹和王帆，2024）。在食品部门，Zhu等（2023）的研究发现，中国居民的膳食结构与中国膳食指南之间存在显著差异，其中畜禽肉消费量过高的问题尤为突出。过多的畜禽肉消费阻碍了人们达到膳食指南所倡导的健康、低碳标准。尽管我国针对食品浪费建立了严格的法律法规，但2023年我国食物损耗浪费率仍高达22.7%，相当于1.9亿人一年的营养需求（中国农业科学院，2023）。

从宏观视角审视，中国居民的能源消费模式及其碳足迹的变化，与我国密集推出的需求侧减排政策形成了鲜明对照。如图1-6所示，在2004~2022年，中国家庭能源消费量实现了近两倍的增长，这一增速显著超过了工业部门及全国能源消费总量的增长速度。截至2022年，我国居民家庭能源消费量在各个行业中位居第二，仅次于工业部门，占据了能源消费总量的13%。不仅如此，在直接能源消费之外，中国居民通过消费各类商品和服务所引发的间接碳排放问题更为突出。如图1-7所示，2013~2023年，中国居民消费支出年均增长率高达9%，这一数字超越了GDP和资本形成的增速。若以单位GDP碳排放进行简单折算，可得出中国家庭直接与间接碳排放对全国总碳排放的贡献已超过35%（这一比例与居民消费占支出法得到的GDP的比例相当），这一计算结果与Mi等（2020年）、许嘉俊等（2024）基于生活方式分析法的研究成果基本一致。

综合微观层面的减排行为调查、需求侧减排政策的评估研究，以及宏观层面的消费数据，一个不容忽视的现象是，中国公众的低碳行为与消费模式似乎并未

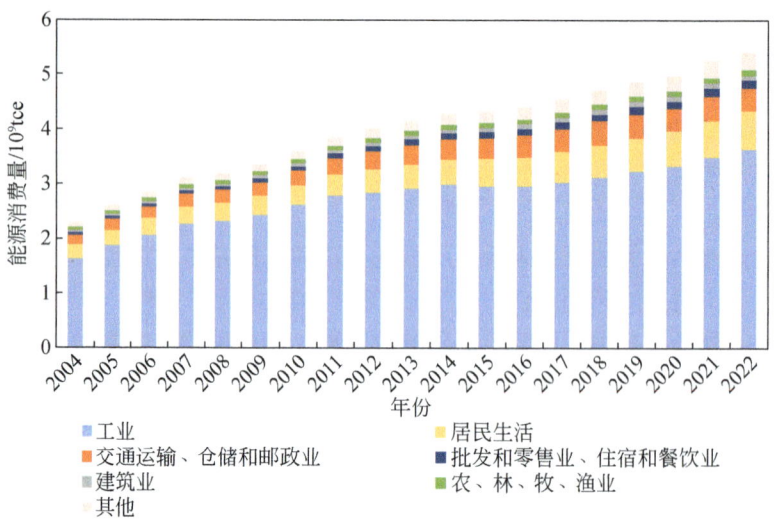

图 1-6　2004～2022 年中国分行业能源消费量情况

资料来源：国家统计局，https://data.stats.gov.cn/easyquery.htm?cn=C01

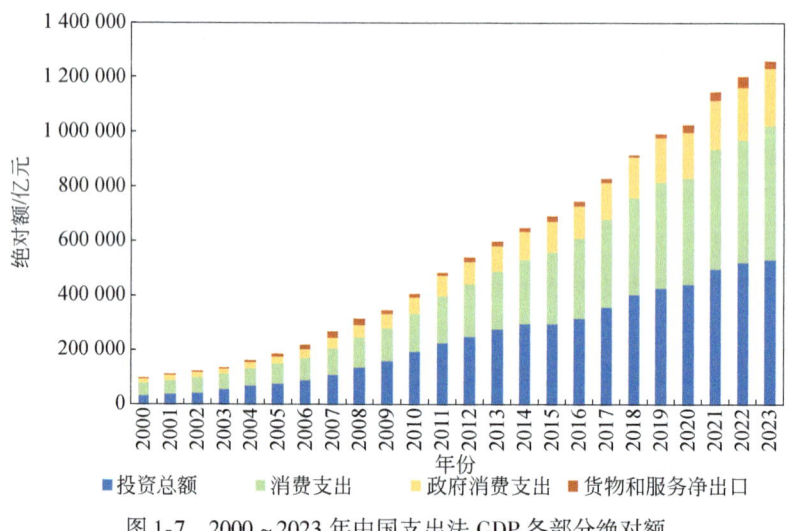

图 1-7　2000～2023 年中国支出法 GDP 各部分绝对额

资料来源：中国统计年鉴；国家统计局，https://data.stats.gov.cn/easyquery.htm?cn=C01

与需求侧减排政策的力度同步。有观点指出，公众对气候变化的意识和认知不足是政策执行不力的关键，因此主张政府加大气候变化知识的普及和教育力度。另一些看法则认为，政策本身的不足是导致公众行为改变不彻底的主要原因。同时，研究表明，需求侧减排措施与提升公共福祉之间存在显著的协同作用，恰当的减排政策能够有效赢得公众的支持。然而，这些观点虽然各有依据，却也存在逻辑上的矛盾，难以全面解释当前政策面临的困境。

以公众的气候变化意识为例，表 1-7 汇总的调研结果显示，中国公众对气候变化问题有着较为清晰的认识，不仅具有强烈的行动意愿，还普遍支持政府和企业在应对气候变化方面的努力。再来看政策力度，近年来我国在新能源汽车补贴、垃圾分类回收设施建设以及法律法规的制定方面的力度不断加强，但政策效果并不明显。此外，虽然需求侧减排与福祉改善之间存在协同效益，但这种观点忽略了个体行为驱动因素的分析。实际上，虽然我国拥有先进的技术、完善的基础设施和多样化的行为干预政策，但是公众行为与减排目标之间的差距仍然显著。因此，福祉改善的正面反馈并未为解决政策困境提供可行的路径。

表 1-7 部分中国公众气候变化认知研究结论整理

主要结论	文献来源
受访者普遍认为气候变化问题非常严重	李秀菊和王健（2012）
①普遍知晓气候变化和低碳生活概念 ②普遍认为相比于对自己和家人，气候变化对子孙后代、动植物的影响更大 ③普遍支持中国实施温室气体减排政策	王彬彬和顾秋宇（2019）；王彬彬（2020）
①普遍相信全球变暖的事实 ②普遍表示愿意购买碳中和产品	齐绍洲等（2019）
普遍相信气候变化的事实	中国国际低碳学院等（2024）
①普遍相信气候变化的事实 ②普遍认为气候变化议题很重要 ③公众对气候变化议题的认知比较片面 ④普遍认为国家应该成为解决气候问题的首要行动者	曾繁旭等（2023）
超过一半受访者至少听说过中国的碳中和目标，99%的受访者支持中国碳中和目标，90%的受访者对中国实现碳中和目标充满信心	Wang B B 等（2024）
①普遍感受到气候变化的影响 ②80%以上受访者对中国"双碳"目标和绿色发展前景持有积极的态度 ③60%的受访民众愿意为减少碳足迹支付额外费用 ④超过80%的受访者有购置电动汽车的计划	中国社会科学院生态文明大数据实验室课题组（2024）

1.2.3 原因分析

审视需求侧减排的发展路径与研究需求，我们观察到，在减排策略的框架下，中国居民的生活和行为模式已发生了显著转变，尤其在目标导向、高影响力行为的推行以及个体福利影响等方面。但是，这些变化在中国减排政策的制定中并未得到充分的认识，政策层面的忽略可能是造成实施难题的关键所在。具体来看，当前中国在激励公众参与减排行动的策略上存在以下局限：沟通传播策略单一，气候变化的信息传播聚焦于提升公众对气候变化基础知识和国家应对措施的认知与支持；政策干预角度狭隘，政策手段多局限于对特定减排行为的激励或惩罚；忽视个体福利作用，在行为转变过程中，个体福利的重要影响未被充分认识。

为从根本上解决需求侧减排政策的实施困境，我们认为未来的研究需要关注以下几方面内容：构建协同的气候沟通政策，依据公众对长期气候变化减缓、减排行为的关注逻辑，发展一套与减排目标相契合的气候沟通与传播策略；系统分析公众行为选择，深入探究公众在应对气候变化过程中的行为多样性，消除实现高影响力减排行为的障碍；重视个体福利与心理成本，从个体福利的角度出发，深入研究其对个体认知和消费行为转变的影响，尤其是心理成本在驱动减排行动中的关键作用。

1.3　需求侧减排：多维的研究设计

基于前述分析，本书采用了一个更为全面的多维视角，通过气候变化认知、行为应对选择特征以及个体福利分析这三个维度构建了如图1-8所示的研究框架。

第2~第4章[①]深入探讨高温事件与气候传播对中国公众气候变化议题关注度的影响。公众对气候变化的关注和认知是推动需求侧减排的基石。我们特别关注高温事件和气候传播，一方面因为它们是中国公众感知和认识气候变化的主要渠道；另一方面，我们旨在为极端天气和气候传播在提升气候变化认知与行为表现之间的矛盾提供合理的解释和解决方案。第2章和第3章利用百度指数大数据，分析高温对公众气候变化知识和行为信息关注的影响。第4章则通过构建气温异常变量作为外生冲击，探讨气候传播在塑造公众对气候变化议题关注度方面的作用。

第5~第6章聚焦于分析公众在气候应对行动（意愿）中的影响因素。需求侧减排依赖于个体的低碳行为，但公众应对气候变化的行动并非仅限于低碳行

[①] 第2章和第3章根据2023年发表在 *Global Environmental Change* 上的文章 "Using Protection Motivation Theory to examine information-seeking behaviors on climate change" 改写而成。

第1章 绪 言

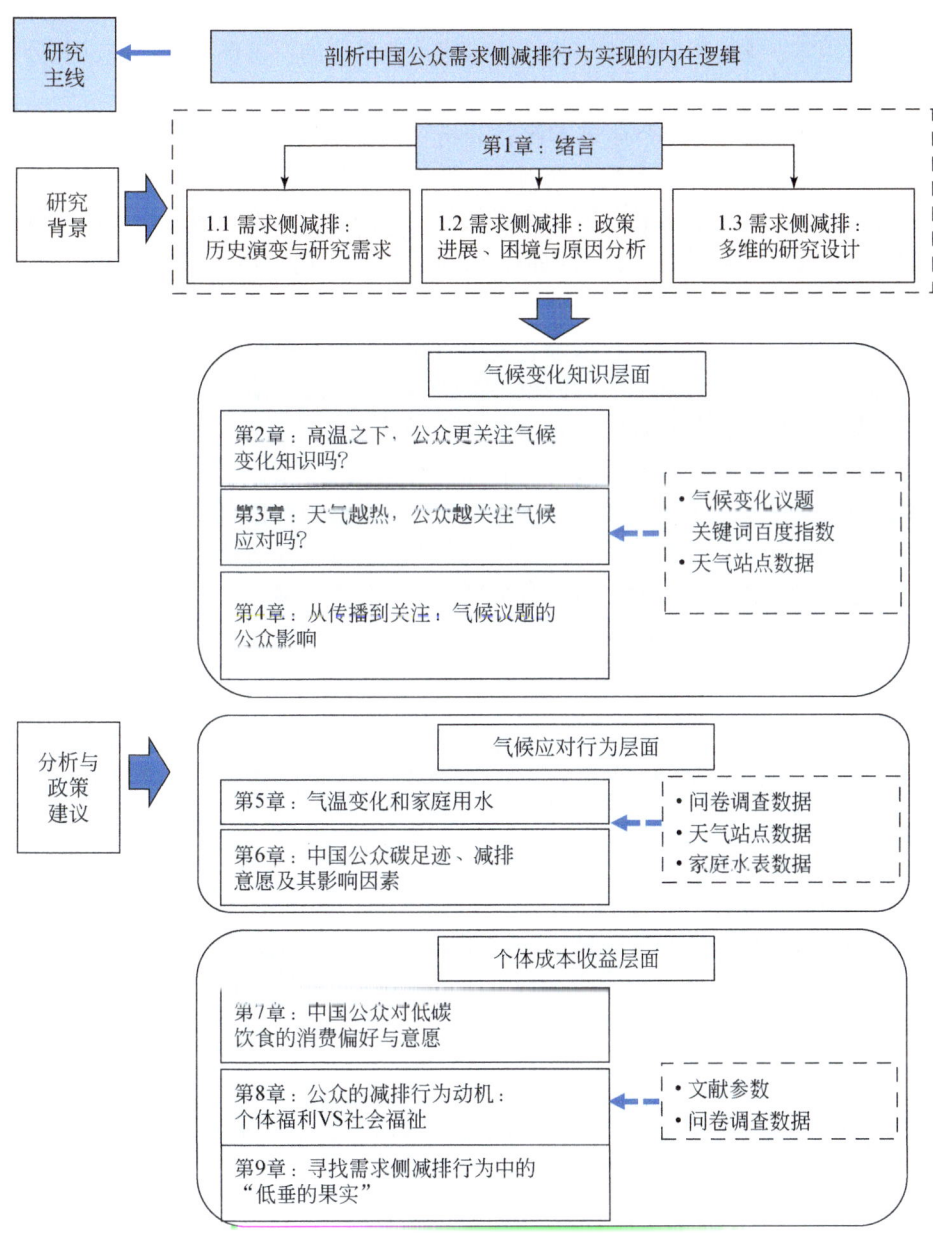

图 1-8 本书研究框架

为。他们可能会采取短期的适应措施或长期的减缓行动,这些行动的多样性为公众提供了丰富的选择,同时增加了实现具有显著减排潜力行动的难度。因此,本书超越了一般性的低碳行为分析，第 5 章首先探讨家庭适应行为之一——用水行为的影响因素；第 6 章则全面审视个人家庭可能采取的需求侧减排措施，并分析公众在最具减排潜力的低碳行为上做出改变的意愿及其限制因素。

  第 7~第 9 章专注于个体成本收益分析①。需求侧减排的微观基础在于个体家庭的决策逻辑。对于大多数公众而言，减排的收益并非决策的首要因素，他们更倾向于基于个体成本收益的权衡来采取行动。例如，夏季高峰时段关闭空调的不适感并非金钱可以补偿；饮食习惯的转变可能更多的是出于健康或伦理考虑，而非气候变化。这提示我们，个体成本收益分析不仅是理解需求侧减排的关键，还是推动减排行为实现的潜在动力。遵循由浅入深的分析原则，第 7 章以低碳饮食为起点，测算消费者从肉类转向植物蛋白的支付意愿。第 8 章基于北京市居民低碳行为调查问卷，从主观感知角度分析个体成本收益对低碳行为采纳的影响。第 9 章提出一种创新的成本收益分析框架，综合运用多源数据，估算 12 种常见低碳减排行为的货币和心理成本，并探讨不同减排措施对公众福利的影响。这一视角不仅为评估需求侧减排行为的个体福利影响提供了普适性的分析框架，还为理解公众采纳减排行为时的成本收益考量提供了更为客观和坚实的证据。

---

  ① 第 6 章和第 9 章根据 2024 年发表在 *Nature Climate Change* 上的文章 "*Using cost-benefit analyses to identify key opportunities in demand-side mitigation*" 改写而成。

第 2 章　高温之下，公众更关注气候变化知识吗？

2.1　研究背景

在继续深化能源结构和产业结构调整、节能增效以增强供给侧减排的基础上，促进需求侧减排与公众低碳转型，已成为我国实现碳中和目标的关键举措。2017 年 10 月，中国共产党第十九次全国代表大会报告中指出，要构建以政府为主导、企业为主体、社会组织和公众共同参与的环境治理体系。自 2020 年 9 月中国将"碳达峰碳中和"上升为国家战略目标后，全国各地陆续启动了针对公众的自愿减排机制试点项目——碳普惠。2023 年 12 月，《中共中央 国务院关于全面推进美丽中国建设的意见》中进一步强调了探索建立"碳普惠"等公众参与机制的重要性。显然，需求侧减排已经从政策关注和社会倡导层面上升为国家和地方碳减排工作的整体布局和具体实施层面。

有效推动需求侧减排的关键在于提高公众对气候变化和低碳转型的认识，进而降低家庭碳足迹。然而，家庭碳足迹的形成不仅与高碳排放的生活方式有关，更与公众长期以来追求优质生活的思维方式紧密相关。这种追求往往导致物质需求的无限扩张，揭示了中国公众在气候变化意识方面的明显缺失。当前，中国主要通过发布气候变化相关信息以及媒体报道提升公众对气候变化的认知。公众的关注度越高，表明他们越有意愿主动获取气候变化知识；而公众获取的知识信息越多，他们就越有可能转变高碳的生活和消费习惯，形成对气候变化和低碳转型的共识。因此，探究影响公众对气候变化知识关注度的各种因素，对于推动气候变化知识的广泛传播和提升公众的气候变化问题意识具有极其重要的意义。

21 世纪以来，中国频繁出现的高温热浪事件因其持久的持续时间、明显的感知度以及剧烈的强度引起了公众广泛关注。这种现象在提升公众对气候变化知识的关注度方面发挥了关键的作用。原因主要包括两点：首先，与冰川融化、海平面上升等其他气候变化问题相比，高温热浪在中国更为常见，能对中国公众产生更为直接和显著的影响。中国是全球气候变化敏感区，其增温幅度和升温速率超过了全球平均水平。中国气象局气候变化中心 2023 年的数据显示，1901～

2022年，中国地表平均气温以每10年0.16℃的速率上升，这一数据高于同期全球平均升温速率。其次，经历高温天气后，公众出于心理应激反应（王宇哲和赵静，2018），对这些可能导致身体不适甚至威胁到自身安全的天气事件产生兴趣和担忧，进而从外界寻求更多信息，这无疑增加了他们对气候变化知识的关注度。

高温热浪事件因其独特的特点，对中国公众的气候变化知识关注度产生了显著影响。这一趋势不仅凸显了气候变化问题的紧迫性，还反映了公众对这一问题兴趣和认知的增加。然而，气候变化是一个复杂的多维度问题，涉及全球变暖、冰川融化、海平面上升以及更复杂的气候现象如厄尔尼诺等。现实中，由于个人的注意力资源和信息处理能力有限，公众往往倾向于关注那些与日常生活更贴近且更易理解的信息（Moore et al., 2019）。因此，公众在面对高温经历时，对不同气候变化知识的关注程度自然会有所不同。此外，不同群体在遭受高温热浪等气候事件时，由于适应策略的不同，其应激行为也存在差异，这进一步导致他们对气候变化知识关注度的异质性。其中，高收入群体通常有能力采取有效的应对措施，如使用空调、电风扇或减少户外活动，因此他们的气候脆弱性较低，对高温的应激反应也相对较弱；而低收入群体可能无法承担避暑设施等费用，并且许多人在户外工作，对高温的感知更为强烈（Lee et al., 2015）。因此，政策制定者需要认识到公众对气候变化知识关注度的这种异质性，通过深入了解不同群体的需求和反应可以制定出更具针对性的政策和信息传播策略，提高公众对气候变化的认知和应对能力。

虽然客观衡量公众对气候变化知识的关注度是研究高温影响及其异质性的基础，但目前对中国公众气候变化知识关注度的系统性评估尚显不足。赵冠伟等（2017）通过分析公众对环境问题的投诉信件数量衡量公众对环境污染的关注度，但由于气候变化问题如二氧化碳排放的无形性，这种方法难以直接应用于气候变化的研究。王建明（2015）、谢宏佐和陈涛（2012）等研究者则采用问卷调查的方法来测量中国公众的环境关注度，但这种方法的局限性在于难以捕捉到公众关注的异质性特征，并且可能因主观认知评估而产生介入性偏差，导致调查结果与受访者真实的关注度存在偏差。随着信息技术的飞速发展，互联网已成为中国公众获取、传播、分享信息和表达诉求的重要渠道。截至2023年6月，中国网民规模已达10.79亿人，互联网普及率为76.4%（中国互联网络信息中心，2023）。公众在互联网上的搜索行为产生了大量数据，这些数据具有样本覆盖范围广、数据周期长的特点，并且大多数数据是在用户无意识状态下生成的，因此能够更全面、客观地反映中国公众对环境问题的关注度。近年来，网络搜索数据已被广泛应用于公众话题关注度研究。例如，宋双杰等（2011）、俞庆进和张兵（2012）

利用百度搜索指数来衡量公众对股票的关注度；郑思齐等（2013）则利用Google搜索数据来构建公众对环境污染问题关注度的指标。尽管如此，大数据在研究中国公众气候变化知识关注度方面的潜力尚未得到充分利用。

鉴于上述考虑，本章利用中国最大的搜索引擎——百度，构建了一个基于气候变化知识关键词的百度搜索指数变量，以分析气温对公众气候变化知识关注度的影响及其异质性。具体而言，本研究首先采用2011~2020年中国300多个城市日度级别的气候变化知识关键词百度搜索指数（以下简称"百度指数"）来衡量这些城市公众对气候变化知识的关注度。其次，结合2011~2020年城市级别的日度天气数据，本研究探讨气温对公众气候变化知识关注度的影响。在此基础上，本研究进行两组异质性分析：第一组分析是根据气候变化知识关键词与公众高温经历的联系程度进行分类，以考察气温对不同气候变化知识关注度的影响。第二组分析则是根据地区经济发展水平进行分类，以揭示气温对公众气候变化知识关注度在不同群体间的异质性影响。通过这些分析，本研究阐明了中国公众气候变化知识关注度的机制特征，为政策制定者提供重要的策略优化启示。

2.2　极端天气与公众气候认知的研究现状

随着气候变化的加剧和极端天气事件的频繁发生，公众对气候变化的意识和感知成为重要的研究领域。研究发现，极端天气事件，如高温、风暴和飓风，对公众的气候变化认知产生了显著影响。Li等（2011）的研究表明，当访谈在更热的天气中进行时，美国和澳大利亚的受访者更可能相信气候变化正在发生。Donner和McDaniels（2013）以及Zaval等（2014）的研究也发现，高温天气的经历使得美国公众更加相信气候变化发生的事实。除高温之外，也有不少研究探讨了风暴、飓风等极端天气事件经历对公众气候变化认知态度的影响。例如，Konisky等（2016）基于美国风暴事件数据库和民意调查数据的研究发现，近年发生的极端天气事件显著增加了公众对气候变化问题的担忧程度；Bergquist等（2019）的问卷调查也显示，受访者在经历飓风后更相信气候变化正在发生。

然而，由于截面数据特征和样本量的限制，传统的调查数据难以对公众气候变化意识感知特征进行丰富的异质性分析。在这种背景下，互联网技术的发展为研究公众的气候变化意识提供了新的数据来源和方法。网络搜索和社交媒体等大数据被广泛用于表征公众对气候变化知识关注度的研究中。例如，Lang（2014）的探索性研究基于美国各城市的月度谷歌趋势数据，发现当气温较高时，"气候变化"和"全球变暖"等关键词的搜索量会增加。这表明，公众的网络搜索行为虽然并不直接传达信念，但它们能揭示公众对某特定话题的关注度。凭借其高频数据优势，研究者可以通过控制多元化的固定效应获得更为精确的因果关系。此后，网络搜索和社交信息文本数据因其大样本、信息丰富等特点，在研究欧美等发达国家公众对气候变化知识的关注方面得到了广泛应用。例如，Choi 等（2020）使用全球 74 个城市的谷歌趋势数据，研究发现异常高温显著增加了公众对"气候变化"关键词的搜索。Sisco 等（2017）和 Moore 等（2019）使用 Twitter 用户推文及其所在地理位置数据集研究发现，美国公众在气温异常时会更有可能分享天气消息。基于网络搜索或社交信息数据研究中国公众气候变化知识关注度的文献并不多，Wang 等（2020）对中国微博用户推文进行了文本分析，发现异常高温天气将引致用户的负面情绪。然而，微博在中国的使用人数远低于搜索引擎，其用户也主要为年轻群体（新浪微博数据中心，2024），难以准确反映中国公众对气候变化知识关注度的整体情况。

综上所述，目前关于极端天气事件经历与公众气候变化意识及关注度之间关系的研究为本研究提供了重要的启示和参考。尽管如此，现有文献集中在发达国家，而在发展中国家，这方面的研究相对较少。发展中国家面临着经济发展与减排的双重挑战，并且在减排技术方面通常滞后于发达国家，因此需求侧减排对于实现减排目标尤为关键。本章以世界上最大的发展中国家——中国为研究对象，探讨气温如何影响公众对气候变化知识的关注度，这不仅能够丰富现有的学术成果，还能够为其他发展中国家提供可借鉴的经验。此外，目前对公众气候变化知识关注度异质性的分析尚不充分，因此本章将从知识异质性和群体异质性两个维度出发，深入探讨气温对不同类型气候变化知识以及不同社会群体公众气候变化知识关注度的差异化影响。这种分析有助于政府更精准地设计气候变化知识传播策略，实施因群体而异的措施，从而更有效地推动公众形成对气候变化的共识，加速实现减排目标。

2.3　研究设计

2.3.1　气候变化知识关注度的测量

本章借鉴了宋双杰等（2011）、俞庆进和张兵（2012）的研究方法，通过分析气候变化相关关键词在百度搜索引擎上的搜索指数量化中国公众对气候变化知识的关注度。百度作为全球最大的中文搜索引擎以及中国领先的搜索引擎服务提供商，自 2011 年起在中国的市场份额平均每月高达 65%，远远领先于其他搜索引擎（Statcounter，2024）。百度搜索指数是基于用户在百度搜索引擎上的搜索行为数据构建的,它通过对特定关键词的搜索频次进行加权计算得出一个综合指标。这一指数的统计粒度精细到地级市,因此能够精确地揭示不同城市公众对气候变化知识关注度的变化趋势和区域差异。这种方法不仅为研究公众对气候变化知识的关注度提供了有效的工具,还为政策制定者提供了关于公众意识的地域性洞察,有助于制定更精准、更有针对性的气候变化教育和传播策略。

为了全面而客观地描绘中国公众对气候变化知识的关注度,考虑到气候变化知识的多维度内涵以及不同用户对这一领域理解的差异,本研究利用百度指数的需求图谱功能来界定与气候变化知识相关的网络搜索关键词集合。具体操作步骤如下:首先,我们在百度指数平台上输入"气候变化"这一核心关键词,通过需求图谱功能识别出用户在搜索"气候变化"基础上进一步探索的相关关键词。其次,从这些关键词中挑选出与"气候变化"关联度最高的前十位,并针对每个关键词重复上述步骤,获取它们各自的需求图谱。通过这个过程,我们不断扩展与气候变化知识相关的关键词列表。最终,经过前两个阶段的筛选,我们共汇集了 110 个与气候变化知识相关的关键词。在这些关键词中,我们选择了搜索量排名前十的关键词作为衡量中国公众对气候变化知识关注度的指标。这些关键词包括:全球变暖、温室气体、全球气候变暖、气候变化、温室效应、厄尔尼诺、冰川融化、海平面上升、酸雨和臭氧层空洞。这些关键词的综合搜索指数将为我们提供一个全面且具体的视角,以评估公众对气候变化知识的关注度。

为了深入分析公众对各类气候变化知识关注度的差异,本研究根据关键词与高温天气的相关性,将所选的 10 个关键词分为 3 个类别。如图 2-1 所示,第一类关键词直接关联气温上升,包括"全球变暖""温室气体""全球气候变暖""气候变化""温室效应"。这些词汇不仅与气温上升的含义紧密相连,还代表着公众日常生活中最直观、最熟悉的气候风险。第二类关键词涵盖的气候变化知识也与气温变化有关,但与第一类关键词相比,其联系稍显间接。这一类包括"厄尔尼诺""冰川融化""海平面上升"等词汇,它们同样代表气候变化的影响,

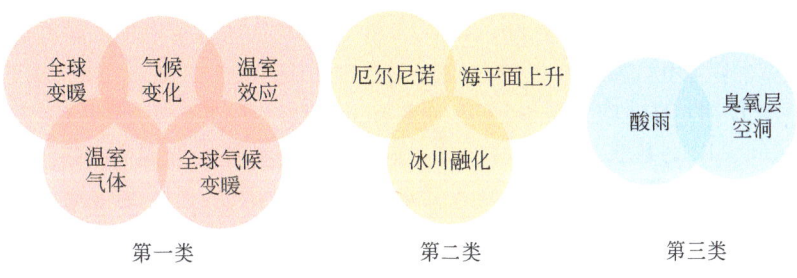

图 2-1 气候变化知识网络搜索关键词

但与气温变化的直接联系不如第一类关键词显著。第三类关键词则包括"酸雨"和"臭氧层空洞",这些词汇与气温变化的联系最为薄弱,它们更多地指向其他环境问题,而不是直接由气温变化引起的现象。通过这种分类,我们可以更准确地分析公众对不同气候变化知识领域的关注度差异,从而为制定更有效的气候变化教育和传播策略提供依据。

2.3.2 气候变化知识百度指数与天气数据

本章的数据集主要来源于两个渠道:首先,获取来自百度网站关于气候变化知识百度指数数据。这些数据涵盖了图 2-1 中列出的 10 个关键词,时间跨度为 2011 年 1 月 1 日~2020 年 12 月 31 日,覆盖了中国内地的 329 个城市。数据类型为日度数据,总共包含了 1 198 550 个样本点。其次,我们使用了国家气象信息中心提供的 337 个地面气象站的每日气象数据。为了与百度指数数据相匹配,我们采用了反向距离加权插值法,将气象站数据转换为城市日度的天气数据,这一方法在先前的研究中已被 Currie 和 Neidell(2005)、Deschenes 和 Greenstone(2007)、Schlenker 和 Walker(2016)等采用。这些气象变量包括城市每日的相对湿度、降水量、日照小时数、平均气压和平均风速等。

2.3.3 面板固定效应模型

本章采用固定效应模型分析气温对公众气候变化知识关注度的影响:

$$\ln(\mathrm{SI}_{it}) = \alpha_0 + \sum_{I=1}^{7} \mathrm{Tem\_interval}_{I,it} \beta_I + \gamma \, \mathrm{Weather}_{it} + \lambda_t + \delta_{iym} + \varepsilon_{it} \quad (2\text{-}1)$$

式中,被解释变量 SI_{it} 为城市 i 在日期 t 的气候变化知识关键词的百度指数,这一指标反映了公众对气候变化知识的关注度。

本研究的核心解释变量是 $\mathrm{Tem\_interval}_{I,it}$,这是一组表示城市 i 在日期 t 的平均气温是否落在某特定温度区间的虚拟变量(I=1,…,7)。这些温度区间以≤5℃为起点,以>30℃为上限,每个区间宽度为 5℃。例如,$\mathrm{Tem\_interval}_{1,it}$ 取 1 表示城市 i 在日期 t 的日均气温≤5℃,而 $\mathrm{Tem\_interval}_{2,it}$ 取 1 表示日均气温在(5℃,10℃]区间,以此类推,直至 $\mathrm{Tem\_interval}_{7,it}$ 取 1 表示日均气温>30℃。通过使用这些温度区间虚拟变量,我们可以灵活地探索气温与公众气候变化知识关注度之间的非线性关系。在本章的实证分析中,估计系数 β_I 是我们关注的重点,若 β_I 显著大于 0,则意味着属于温度区间 I 的时间每增加一天,公众对气候变化知识的关注度就会增加($100 \times \beta_I$)%。

Weather 代表一系列天气变量控制变量,包括降水量(pre)、相对湿度

（rhu）、平均风速（win）、日照小时数（ssd）和平均气压（prs），这些变量及其对应的二次项被纳入模型，以捕捉天气条件对公众气候变化知识关注度可能存在的非线性影响。

为了控制日期层面不随城市变化的不可观测因素的影响，如季节性因素、法定节假日等，模型中引入了日期固定效应 λ_t。同时，为了考虑不同城市随时间和月份变化的因素，如城市 GDP 水平、城市人口、城市互联网用户等，模型还纳入了城市与年月交互的固定效应 δ_{iym}。此外，ε_{it} 为随机扰动项，表示模型中未能观测到的随机误差。

主要变量的描述性统计结果如表 2-1 所示。结果显示，样本城市气候变化知识关键词百度指数的平均值为 100.68，而其标准差与平均值的比值为 1.81，这表明气候变化知识关注度的分布具有显著的离散性。这一离散性反映出中国公众对气候变化知识的关注度在空间维度和时间维度上可能存在显著的异质性。在气温方面，样本城市的日均气温约为 14.13℃，这与我国大部分地区位于温带的事实相符合。类似于气候变化知识关键词百度指数的离散分布，样本城市间的日均气温差异也较大，日均气温从最低的 -38.58℃ 到最高的 35.85℃，展现了我国气候的多样性。这些统计信息为我们提供了对研究数据的基本了解，并暗示了公众对气候变化知识关注度的差异可能受到多种因素（包括地理位置、气候条件和文化差异等）的影响。

表 2-1　主要变量的定义和描述性统计（2011~2020 年）

变量	符号	均值	标准差	最小值	最大值
气候变化知识关键词百度指数	SI	100.68	182.73	0	3 000
气温区间≤5℃	$Tem\_interval_1$	0.21	0.41	0	1
气温区间（5℃，10℃]	$Tem\_interval_2$	0.12	0.32	0	1
气温区间（10℃，15℃]	$Tem\_interval_3$	0.14	0.35	0	1
气温区间（15℃，20℃]	$Tem\_interval_4$	0.17	0.37	0	1
气温区间（20℃，25℃]	$Tem\_interval_5$	0.19	0.40	0	1
气温区间（25℃，30℃]	$Tem\_interval_6$	0.15	0.36	0	1
气温区间>30℃	$Tem\_interval_7$	0.02	0.15	0	1
日均气温/℃	Avg_tem	14.13	11.19	-38.58	35.85
降水量/mm	pre	47.96	1 624.83	0	90 699
平均气压/kPa	prs	95	8.65	57.45	104.34
相对湿度/%	rhu	67.99	18.03	4.22	100
日照小时数/h	ssd	5.57	4	0	15.48
平均风速/（m/s）	win	2.11	1.04	0	18.99

2.4 公众对气候变化知识关注度的时空特征

2.4.1 气候变化知识关注度的变化趋势

图 2-2 展示了时间尺度上，样本城市气候变化知识百度指数的总体变化态势。由图 2-2 可知，气候变化知识关键词百度指数呈现出波动并逐渐上升的趋势，这一趋势反映出在所研究的时期内，中国公众对气候变化问题及其相关知识的关注度持续增长。

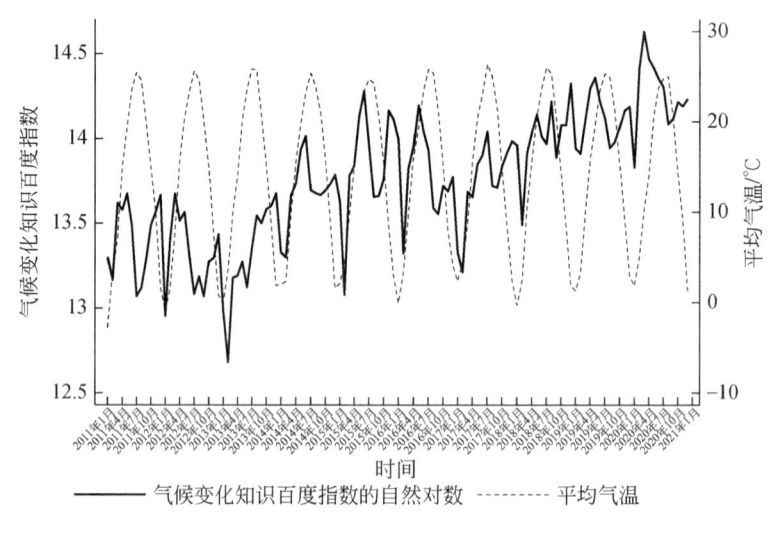

图 2-2 公众气候变化知识关注度变化趋势

2.4.2 不同类型气候变化知识关注度的差异

图 2-3 根据图 2-1 的分类，展示了不同类别关键词在百度指数中的时间变化趋势。与图 2-2 所示的趋势相呼应，这三类关键词的百度指数均显示出逐年波动增长的态势，特别是公众对第一类气候变化知识关键词——与全球气温升高直接相关的知识展现出了最高的关注度。其次是第二类关键词，第三类关键词的公众关注度相对较低。

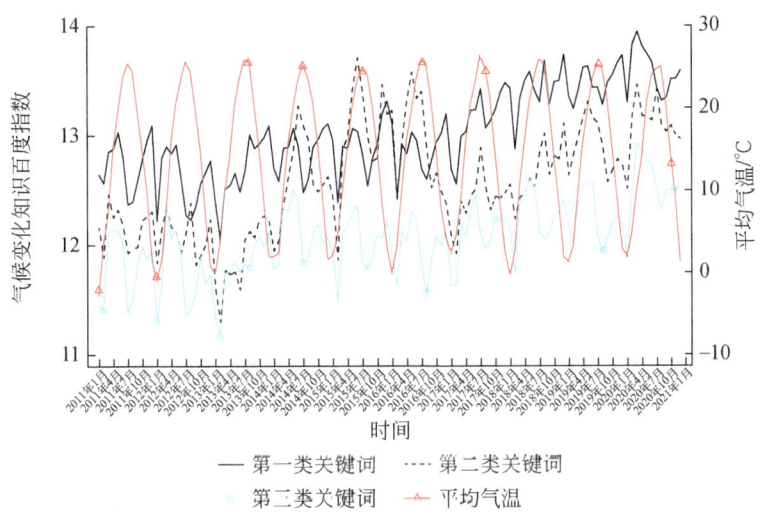

图 2-3 公众对不同类型气候变化知识关注度的变化趋势

2.4.3 气候变化知识关注度的地区差异

为探究公众对气候变化知识关注度的地区差异，本研究依据七大地理分区，测算了 2011 年 1 月 1 日~2020 年 12 月 31 日各区域的气候变化知识百度指数平均值。如图 2-4 所示，无论是总体气候变化知识关键词，还是各个分类别关键词，华东地区网民对气候变化知识的关注度居于领先地位。华南和华北地区的网民对气候变化知识的关注度则旗鼓相当，而西北地区网民对气候变化知识的关注度相对较低。另外，本研究根据城市等级对气候变化知识关注度进行了划分，以探讨不同等级城市公众对气候变化知识关注度的区域差异。如图 2-5 所示，一线城市的公众对气候变化知识的关注度显著高于其他等级城市，二线城市紧随其后，四线城市及其他较低等级城市的关注度则相对较低。这些数据反映出城市等级与公众对气候变化知识关注度呈现正相关关系。

华东地区和一线城市作为中国经济的发达区域，不仅拥有较高的人力资本水平和人口密度，还是经济活力和创新能力的中心。相比之下，中国西北地区和四线城市及其他较低等级城市的经济发展水平相对落后。郑思齐等（2013）的研究表明，互联网用户数量的增加会提高公众对网络媒体的熟悉度，从而增加他们通过网络媒体关注和获取相关信息的机会。此外，经济发展水平越高、人力资本水平越高以及年轻人口比例越高的地区，公众对环境污染问题的关注也越强烈。这些发现提示我们，虽然影响不同城市气候变化知识关注度的因素复杂多样，但区域经济发展水平、人力资本水平等因素在其中扮演着关键角色。

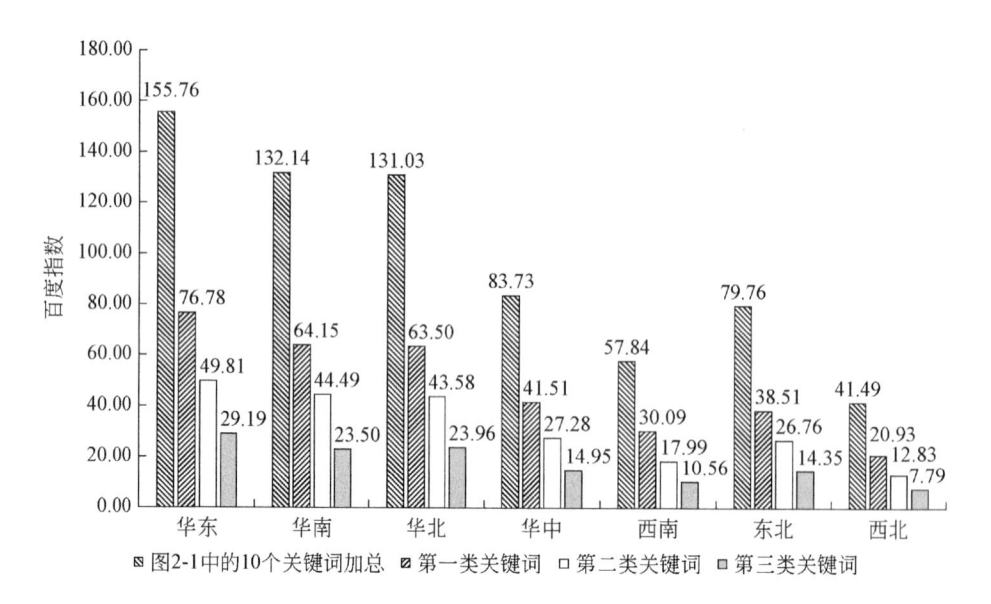

图 2-4　百度指数的区域间差异

注：本书研究不涉及港澳台，内地 31 个省（自治区、直辖市）的区域划分如下：华东包括上海、江苏、浙江、安徽、江西；华南包括广东、福建、广西、海南；华北包括北京、天津、河北、山东、河南、山西、内蒙古；华中包括湖北、湖南；西南包括四川、重庆、贵州、云南、西藏；东北包括黑龙江、吉林、辽宁；西北包括陕西、甘肃、宁夏、青海、新疆

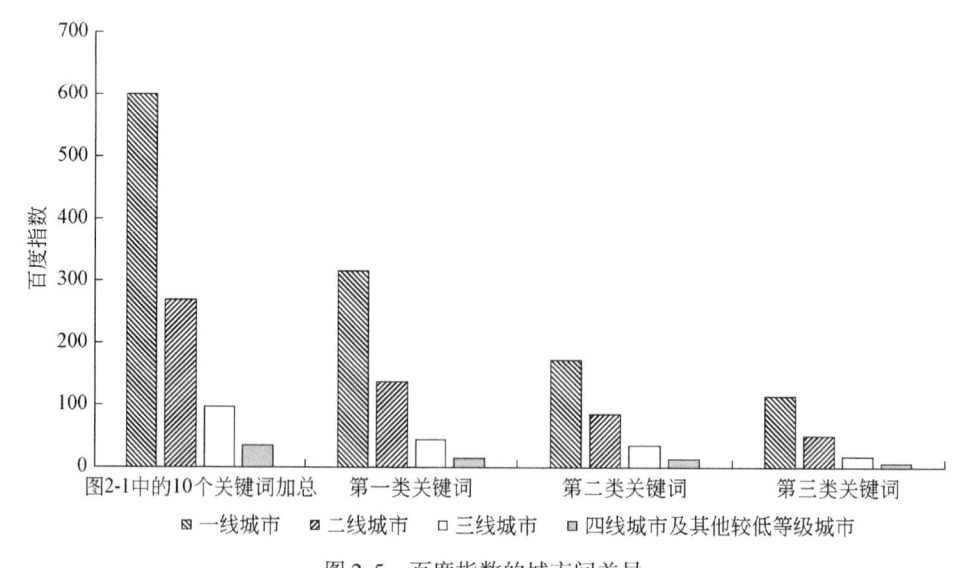

图 2-5　百度指数的城市间差异

注：城市等级按照《2023 年中国城市商业魅力排行榜》进行划分

2.5 气温对气候变化知识关注度的影响

2.5.1 基准结果

表2-2展示了基于计量模型（2-1）的气温区间虚拟变量与气候变化知识百度指数的回归分析结果。在此分析中，我们关注的被解释变量是图2-1中列出的10个关键词的百度指数总和的自然对数。表2-2中，列（1）模型未考虑城市-年-月交互固定效应，而列（2）纳入了城市-年-月交互固定效应。引入城市-年-月交互固定效应后，模型的拟合优度（调整后的R^2）显著增强，解释变量的回归系数也有显著变动。这表明，如果忽略城市-年-月交互固定效应的控制，模型可能会遗漏掉影响公众对气候变化知识关注度的城市层面随时间变化的因素，这些因素包括当地的气候变化知识宣传、媒体报道、网民互联网使用习惯等。因此，我们基于列（2）的实证模型进行分析，结果表明：相较于日均气温低于5℃（参照组）的天气，公众对气候变化知识的关注度随着日均气温的上升而呈现下降趋势。然而，当日均气温升高至30℃以上时，可观察到一个显著的逆转现象。具体而言，在这种情况下，每个城市的气候变化知识百度指数平均增加了21.1%。这一发现表明，极端高温天气激发了公众对气候变化知识的兴趣和关注。综上所述，我们的分析揭示了气温变化与公众对气候变化知识关注度之间的复杂关系，突显了高温天气在促进公众关注气候变化方面的重要作用。

表2-2 日均气温对气候变化知识百度指数的影响

项目	气候变化知识百度指数的自然对数	
	（1）	（2）
日均气温区间（5℃，10℃]	0.086	-0.038***
	(0.094)	(0.009)
日均气温区间（10℃，15℃]	0.161	-0.057***
	(0.141)	(0.013)
日均气温区间（15℃，20℃]	0.262	-0.067***
	(0.198)	(0.016)
日均气温区间（20℃，25℃]	0.371	-0.062***
	(0.262)	(0.019)

续表

项目	气候变化知识百度指数的自然对数	
	(1)	(2)
日均气温区间（25℃，30℃]	0.483	-0.026
	(0.347)	(0.022)
日均气温区间>30℃	0.824**	0.211***
	(0.401)	(0.029)
常数项	6.892*	6.081**
	(4.022)	(2.761)
天气控制变量	是	是
日期固定效应	是	是
城市-年-月固定效应	否	是
样本量	1 197 641	1 197 641
调整后的 R^2	0.176	0.578

注：括号内为回归系数的标准误，标准误均在城市层面进行聚类。***、**、*分别代表 $p<0.01$、$p<0.05$、$p<0.1$。

2.5.2 异质性分析

1）气候变化知识关键词类别异质性

气候变化风险与空气污染不同，呈现出复杂多变的特点，常以多种灾害并发的方式影响多个系统。此外，这些风险在不同地区表现出不同的特征。在中国，热浪和高温是公众最直接、最频繁遭遇的气候风险，而冰川融化和海平面上升则主要威胁沿海低洼岛国。因此，可以合理推测，在高温天气期间，中国公众可能会更加关注与气温升高直接相关且熟悉的气候变化知识。

基于这一推测，本章将10个气候变化知识关键词根据其与高温天气的联系程度分为三类（图2-1）。表2-3中，列（1）~列（3）分别展示了以这三类关键词的百度指数自然对数为被解释变量的回归结果。研究发现，与日均气温低于5℃的天气相比，当日均气温超过30℃时，每个城市第一类关键词的百度指数平均增加了36.5%，第二类关键词增加了8.5%，而第三类关键词的百度指数没有发生显著变化。这一现象的可能解释是，由于人们的注意力和信息处理能力有限，高温天气更可能激发公众对那些与之直接相关且经常经历的气候变化知识的关注。相比之下，厄尔尼诺现象和海平面上升等虽然也是重要的气候变化信息，

表 2-3 气温对气候变化知识关注度的影响（异质性分析）

项目	不同类别气候变化知识百度指数的自然对数			气候变化知识百度指数的自然对数（地区异质性）			
	第一类 (1)	第二类 (2)	第三类 (3)	一线城市 (4)	二线城市 (5)	三线城市 (6)	四线城市及其他较低等级城市 (7)
气温区间 [5℃, 10℃)	−0.015 (0.009)	−0.030*** (0.008)	0.007 (0.008)	0.015 (0.014)	−0.021 (0.018)	−0.053** (0.023)	−0.041*** (0.012)
气温区间 [10℃, 15℃)	−0.026** (0.012)	−0.049*** (0.011)	−0.001 (0.010)	−0.011 (0.020)	−0.028 (0.026)	−0.068** (0.031)	−0.065*** (0.017)
气温区间 [15℃, 20℃)	−0.017 (0.014)	−0.071*** (0.013)	0.003 (0.012)	−0.020 (0.025)	−0.021 (0.027)	−0.080** (0.040)	−0.079*** (0.021)
气温区间 [20℃, 25℃)	0.015 (0.017)	−0.077*** (0.016)	−0.004 (0.014)	−0.005 (0.024)	0.011 (0.034)	−0.067 (0.050)	−0.084*** (0.024)
气温区间 [25℃, 30℃)	0.076*** (0.021)	−0.060*** (0.018)	−0.007 (0.016)	0.011 (0.020)	0.033 (0.030)	−0.047 (0.057)	−0.038 (0.029)
气温区间 >30℃	0.265*** (0.029)	0.085*** (0.025)	0.002 (0.020)	0.371*** (0.021)	0.128*** (0.032)	0.194*** (0.068)	0.233*** (0.042)
常数项	7.011*** (2.069)	4.286* (2.271)	2.895 (1.833)	9.410 (13.064)	12.873 (8.005)	42.759*** (10.669)	1.850 (2.966)
天气控制变量	控制	控制	控制	控制	控制	控制	控制
日期固定效应	控制	控制	控制	控制	控制	控制	控制
城市-一年-月固定效应	控制	控制	控制	控制	控制	控制	控制
样本量	1 194 430	1 194 064	1 193 988	69 374	105 780	255 587	766 900
调整后的 R^2	0.542	0.536	0.465	0.726	0.450	0.367	0.342

注：括号内为回归系数的标准误，标准误均在城市层面进行聚类。***、**、* 分别代表 $p<0.01$、$p<0.05$、$p<0.1$。

但对中国公众而言较为陌生和遥远，因此引起的关注较少。

2）地区异质性

在2.4节中，我们观察到经济发达地区的公众对气候变化知识的关注程度普遍较高，这可能归因于这些地区的公众拥有更高的认知水平和互联网信息搜索能力。然而，值得注意的是，由于经济发达地区的公众收入水平较高，他们在面对高温刺激时，更有可能通过使用空调、电风扇等设备来适应高温环境，因此这些公众对高温天气的反应可能不如经济较落后地区的公众那样敏感。为了验证这一假设，本研究将样本城市按照其综合经济水平进行分组，数据来源于《2022年中国城市商业魅力排行榜》。样本城市被划分为一线城市（包括排行榜中的一线城市和新一线城市）、二线城市、三线城市、四线城市及其他较低等级城市。我们分别以这些城市中气候变化关键词的百度指数自然对数为被解释变量进行回归分析。表2-3的列（4）~列（7）展示了按城市等级分组的回归估计结果。估计结果表明，与日均气温低于5℃的天气相比，当日均气温超过30℃时，四线城市及其他较低等级城市的气候变化知识关注度的增长幅度最大，达到23.3%；其次是三线城市（增长19.4%）和二线城市（增长12.8%）；而一线城市气候变化知识关注度的增长幅度最小，为7.1%。这一发现支持了我们的假设，即经济发达地区的公众在高温天气下对气候变化知识的关注度增长较慢，可能是因为他们拥有更好的适应手段。

2.6　结论与政策建议

本章通过分析气候变化知识相关关键词的百度指数，量化了中国公众对气候变化知识的关注度。利用2011年1月1日~2020年12月31日中国300多个城市的日度气候变化知识关注度和天气数据，分别从总体、关键词分类和地区3个层面描绘了公众对气候变化知识关注度的时间变化趋势。接着，研究了气温变化对公众气候变化知识关注度的影响及其在不同情景下的异质性。研究结果显示，在2011~2020年，中国公众对气候变化知识的关注度逐年上升，其中，对全球变暖、温室效应等直接影响感受的气候变化知识关注较多，而对冰川融化、海平面上升等较为宏观、与日常生活距离较远的气候变化知识关注较少。同时，经济较发达地区的公众对气候变化知识的关注度普遍高于经济较落后地区。通过使用固定效应模型控制了多种天气变量和不可观测的固定效应后，进一步分析发现高温天气显著提高了公众对气候变化知识的关注度。具体到关键词类别，与气温升高关系更为紧密的气候变化知识在高温天气下受到更多关注。地区层面的异质性分析显示，经济较落后地区对高温天气的反应更为敏感，高温对这些地区公众气候变化知识关注度的影响超过了经济发达地区。

本章的研究结论对于提升公众对气候变化知识的关注度、优化气候变化沟通教育渠道、加强气候变化治理体系的建设具有重要的政策意义。

首先，政策制定者应充分利用气候冲击在气候政策实施中的"机会窗口"，尤其在高温等极端气候事件发生时，提出并推广需求侧减排激励政策。鉴于当前国内外复杂的经济社会形势，公众的关注点直接影响着哪些信息能够引发广泛的社会讨论和反响，哪些信息可能被忽视。在信息过载和事件频发的环境中，争夺公众有限的注意力资源是促进他们转变高碳排放生活习惯的关键。本章研究表明，高温天气能够显著提升公众对气候变化知识的关注度。因此，相关部门在制定和推广气候政策、进行气候变化教育时，应当利用气候冲击来引导公众的注意力，及时地推广气候教育和减排措施。

其次，气候变化知识的宣传教育策略应超越单纯的科学宏大叙事，转而采用更加贴近公众生活的呈现方式。根据本章的研究结果，由于公众的注意力资源有限，他们更倾向于关注与个人经历紧密相关的气候变化信息，如全球变暖和气温升高，而对厄尔尼诺现象、海平面上升等较为遥远的气候变化知识关注较少。对于公众来说，全球变暖和气温升高是与其日常生活紧密相关的现象，能够更有效地唤起情感共鸣。然而，当前主流的气候变化知识传播往往侧重于科学事实的传达，过分强调如生物多样性等象征性受害者，而忽略了气候变化对其他生物尤其是普通个体自身的潜在影响。此外，气候变化的长周期特征，如数十年或上百年的变化，可能在无形中加大了公众与气候变化之间的心理距离。因此，政府及相关部门在加强气候变化科学研究的同时，也应重视如何通过普及科学知识来增强公众对气候变化的感性认识，并缩小个体与气候变化之间的心理距离，这样的策略能够更有效地激发公众采取气候变化行动的内在动力。

最后，必须妥善处理气候变化治理与经济不平等之间的关系。气候变化治理的核心在于人类自身，其最终目标在于保护人类社会免受气候风险的侵害。有研究指出，气候变化的负面影响在很大程度上集中于贫困家庭，而高收入群体能够通过经济手段（如购买空调、电风扇及避免外出或在避暑胜地度假等）更好地适应气候变化带来的风险。本研究发现，一线城市公众对气候变化知识的关注度受高温天气的影响最小，而经济发展水平较低的四线城市及其他较低等级城市公众对高温天气的反应最敏感，这反映出高收入群体能够更有效地应对和适应高温天气带来的负面影响。因此，在推动公众向低碳、绿色生活方式转型的同时，应考虑到脆弱群体在气候转型中的不利地位。政府应出台相关政策，如高温补贴、气候援助等，以形成政策合力，确保公众能够公平地实现气候转型。

第 3 章　天气越热，公众越关注气候应对吗？

3.1　研究背景

近年来，我国一直致力于构建"政府为主导、企业为主体、社会组织和公众共同参与"的环境治理体系，以应对日益严峻的气候变化问题。在此过程中，公众的参与至关重要，不仅需要提升其对气候变化的认知水平，更重要的是将这种认知转化为具体的应对行为。

根据国际权威机构 IPCC 在 2023 年的报告（IPCC，2023），公众应对气候变化的行为主要分为适应（adaptation）和减缓（mitigation）两大方向。适应行为旨在减轻气候变化带来的不利影响，如在高温天气使用空调、为预防洪水灾害准备家庭应急包等；而减缓行为则是指减少温室气体排放或增加碳汇的行为，如改变饮食习惯，从传统肉食转向素食消费等。在第 2 章中，我们发现高温天气经历显著提高了中国公众对气候变化知识的关注度，这一现象自然而然地引发了另一个重要问题：这些高温现象是否能够进一步增强公众对气候变化应对行为的关注度？

当前，频发的极端高温和气候灾害事件已经引起了学术界的广泛关注，诸多研究揭示了这些极端气候现象与公众的气候变化应对行为之间存在紧密联系。研究显示，经历高温或气候灾害的公众对可再生能源电力的购买意愿有了显著的提升（Osberghaus and Demski，2019），同时增强了对气候变化减缓政策的支持度（Wu et al.，2020）。也有研究发现，公众更倾向于采取一些适应性行为，如购买或使用空调（Li et al.，2019；Auffhammer，2022），或者选择异地搬迁（余庆年等，2011；曹志杰和陈绍军，2012；何志扬和张梦佳，2014）等方式来应对高温和气候灾害带来的不利影响。尽管现有文献对高温或气候灾害如何影响公众的气候变化应对行为进行了探讨，但是这些研究侧重于分析适应或减缓其中一类行为的影响机理，对公众在气候变化适应和减缓行为方案中如何进行选择权衡的研究则相对较少。

在应对气候变化的挑战中，公众不可避免地面临着一系列复杂的利益权衡。这些权衡涉及个人利益与公共利益、长期利益与短期利益、环境利益与经济利益等多方面的考量（周娴和陈德敏，2019）。例如，适应行为主要受益于实施主体，而减缓行为则可能产生公共利益，引发"搭便车"问题。此外，适应行为的效果可以即时反馈，而减缓行为的温室气体减排效应则需要较长时间才能显现。减缓行为虽然具有环境利益，但往往伴随着个人经济成本、时间成本与心理成本的付出。在这种背景下，即便公众对气候变化的认知日益增强，他们在做出行为决策时仍可能更倾向于维护个人利益和短期利益，而对气候变化减缓行为带来的公共利益和长期环境利益视而不见。这种倾向不仅可能削弱公众参与减缓行为的积极性，甚至可能与减排目标相悖。例如，在我国，尽管大多数公众声称愿意积极加入碳普惠实践，但实际上却鲜少采取具体行为（中国国际低碳学院等，2024）。与此同时，随着全球温度的不断攀升，空调和电风扇的使用已成为我国居民应对高温的关键适应手段，这不仅加剧了能源消耗，还带来了更多的碳排放。

本章整合了 2011~2020 年中国 329 个城市的百度指数日度搜索数据与气象记录，构建了一个综合分析框架，以探讨高温天气如何影响公众对气候变化适应与减缓行为信息的关注度。具体而言，本章采用计量回归模型，旨在解答以下几个关键问题。

（1）面对高温天气，公众如何对各种气候变化应对策略进行优先级排序？他们是会优先寻求那些能够迅速减轻气候变化风险的适应措施，还是更加倾向于关注长期减排行为的信息？

（2）对于不同的适应与减缓措施，公众的关注度是否存在差异？考虑到经济收入水平对公众的气候变化敏感性和适应能力具有重要影响，本研究将进一步探讨在不同经济发展水平的城市中，公众对高温风险反应的差异。

（3）基于公众对气候变化应对行为的选择偏好，中国政府应如何制定和实施有效的政策，以激励公众更广泛地参与到气候变化减缓行为中来？

通过这些分析，本章旨在为政策制定者提供科学依据，帮助他们设计出能够有效动员公众参与、共同应对气候变化的策略和措施。

3.2 公众气候变化应对行为的影响因素研究回顾

适应和减缓措施是公众应对气候变化挑战的关键策略。近年来，学术界对此给予了极大的关注。现有研究主要从两个维度探讨高温和气候灾害对公众采取适应或减缓行为的影响。

首先，研究探讨了高温或气候灾害事件如何影响公众的气候变化适应行为（意愿）或对相关政策支持的程度。在个人适应行为（意愿）方面，研究普遍表明，公众会自然而然地采取诸如迁移、重新安置、购买空调、投保等措施来减轻气候变化带来的负面影响或预防未来风险。例如，Cai 等（2016）在全球范围内，Ekoh 等（2023）在一国范围内，分别分析了气温和洪水事件与公众迁移行为的关系，结果均发现，气温升高和频繁的洪水事件会显著提高居民进行跨境流动或城市间搬迁的意愿。Gallagher（2014）和 Lin（2020）的研究指出，经历洪水、地震等灾害的居民更倾向于购买保险。Auffhammer（2022）和 Li 等（2019）的研究发现，公众会通过购买和增加使用空调来应对高温。Ray 等（2017）的研究则显示，遭受洪水灾害的美国人更加支持政府的气候变化适应政策。

其次，研究探讨了高温或气候灾害事件如何影响公众的气候变化减缓行为（意愿）或对相关政策支持的程度。现有研究在此方面的结论相当一致：高温或气候灾害事件显著地促进了公众参与气候变化减缓行为的意愿。例如，Ogunbode 等（2019）、Bergquist 等（2020）、Hazlett 和 Mildenberger（2020）、Coury（2023）的研究发现，英国和美国居民在经历了严重的洪涝、野火或其他极端天气事件后，对气候减缓政策的支持显著增强。Spence 等（2011）、Alvi 等（2020）的研究指出，遭受洪水事件或感知到其他极端天气事件影响的公众更愿意采取节能措施。虽然这些研究集中在发达国家，但基于发展中国家背景的少数研究也得出了类似的结论。例如，Wu 等（2020）通过问卷调查发现，台风"梅兰蒂"过后，中国厦门大学的本科生对个人和社区采取气候变化减缓行为的态度有了显著的积极转变。

虽然鲜有研究探讨高温或气候灾害如何影响公众对气候变化应对行为的权衡或偏好，但已有文献表明，公众在气候变化适应和减缓行为之间存在明显的优先级排序。多数研究发现，公众更倾向于采取那些能够在短期内有效降低气候变化风险且对自身有益的适应行为，即使他们意识到这些适应行为可能对未来世代产生不利影响（Böhm et al., 2020; Blennow and Persson, 2021）。例如，购买空调或保险等行为能够在当前提供直接的个人保护，而减少碳排放等减缓措施则需要较长时间才能显现效果。然而，也有一些研究得出了不同的结论。Markantonis 和 Bithas（2010）运用条件价值评估法发现，希腊居民对气候变化减缓行为政策的支付意愿高于适应行为政策。Tvinnereim 等（2017）通过开放式问卷调查发现，当被问及气候变化应对措施时，挪威居民的回答集中在减排行为上。

前述研究在深化公众气候变化应对行为的理解方面做出了许多有价值的贡献。本章在这些研究的基础上，进一步做出以下探讨。

首先,本章将利用大样本的百度搜索指数数据,考察气温变化对中国公众在气候变化适应和减缓行为上关注度的具体影响。现有文献往往只关注气候变化适应或减缓中的一类行为,而较少从适应与减缓行为的权衡选择角度出发,研究气温变化对这两类行为的综合影响。在气候变化加剧的背景下,未来高温热浪可能会更频繁地出现,本章的研究证实,公众在面对气候变化风险时,确实更倾向于首先关注那些能在短期内有效减轻风险、对个人有利的适应行为,这给公众侧减排政策的制定带来了新的挑战:政策制定者需要考虑如何在满足个人生活需求的同时实现国家减排目标,以确保二者之间的协同与兼容。

其次,传统的研究方法主要基于问卷调查数据。这种方式的局限性在于难以充分控制那些在个体层面稳定不变、在宏观层面随时间变化的不可观测因素,从而限制了我们对气候风险与个体行为反应之间相关性进行严谨分析。本章通过百度指数所提供的细致微观数据,并结合大样本面板数据和固定效应回归模型,不仅能够有效控制影响气候变化应对行为关注度的不可观测效应,还能够通过异质性分析,为我们的基本结论提供坚实的支持证据。因此,我们的研究不仅有助于理解公众面临气候变化时的行为模式,还为探索公众应对气候变化的复杂行为提供了更为全面和多维的视角。

最后,现有的研究集中在发达国家,针对发展中国家的实证分析相对较少,特别是关于个体层面气候变化应对行为的研究更是稀少。目前,关于气候变化适应和减缓行为的态度比较分析集中在对公众支付意愿和减缓政策支持度的探讨。不难想象,相比于支持气候政策和假设情景的支付意愿,个体层面的减缓行为对他们生活和习惯带来的影响更大。因此,为了更有效地促进公众生活消费模式的转变,我们有必要深入探究影响个体气候变化应对行为的各种因素。互联网的迅猛发展为公众数据足迹的采集和分析提供了便利。互联网搜索作为一种主动的信息寻求行为,反映了公众在特定时期对某议题的关注和兴趣,这种搜索行为的匿名性和无干扰性使得互联网搜索数据能够较为真实地映射出公众内心的想法和态度,成为社会科学研究中理解人们实际经济和社会行为的重要工具(Scheitle,2011)。然而,目前国内利用互联网搜索指数来测度和解释公众对气候变化应对行为关注度的研究还相对较少。

本章的目的是通过分析公众在百度搜索引擎上对气候变化行为相关关键词的搜索指数揭示他们的实际行为意图。进一步地,本章将深入探讨气温变化如何影响中国公众对气候变化应对行为的关注度,为"双碳"背景下公众气候变化应对行为决策机制提供新的研究视角和丰富的实证依据。

3.3 研究设计

3.3.1 气候变化应对行为关注度的测量

与第2章相似，本章采用与气候变化适应和减缓行为相关的关键词的百度指数来量化中国公众对这两种行为的关注度。首先，利用百度需求图谱功能，分别搜集了与公众气候变化适应行为和减缓行为相关的关键词。如表3-1所示，与气候变化适应行为相关的10个关键词包括空调、电风扇、防暑降温、避暑胜地、除湿机、穿衣指数、天气预警、实时天气、应急包和应急物资。而与气候变化减缓行为相关的10个关键词则包括低碳生活、节能降耗、节约用电、节约用水、节能减排、绿色出行、废物利用、素食主义、垃圾分类、小排量汽车。

表3-1 气候变化应对行为关键词分类

气候变化行为	类别	关键词
适应行为	第一类	空调、电风扇、防暑降温、避暑胜地
	第二类	除湿机、穿衣指数、天气预警、实时天气
	第三类	应急包、应急物资
减缓行为	第一类	低碳生活
	第二类	节能降耗、节约用电、节约用水、节能减排、绿色出行
	第三类	废物利用、垃圾分类、素食主义、小排量汽车

根据现有文献和中国公众在气候变化应对行为中的实际情况，我们可以合理推测，在气候变化适应和减缓行为中，公众对不同具体措施的关注度会存在显著差异。在气候变化适应行为中，空调、电风扇、防暑降温、避暑胜地等措施能够最直接、最有效地应对高温风险；除湿机、穿衣指数、天气预警、实时天气等措施则提供了一定的参考和预防价值，对高温的缓解效果相对较弱；而应急包、应急物资等关键词所代表的适应行为更多地针对洪水、风暴等极端气候灾害事件，与缓解高温风险的联系相对较远。因此，我们将代表气候变化适应行为的10个关键词按照上述逻辑分为三类。如表3-1所示，第一类关键词的高温适应效果最强，第二类关键词次之，第三类关键词最弱。我们推测，高温经历对这三类关键词关注度的促进作用依次递减，即第一类关键词的关注度提升最为显著，第二类关键词的关注度提升次之，第三类关键词的关注度提升最小。

鉴于气候变化减缓行为并不直接缓解高温风险，我们无法基于风险缓解效果对这些关键词进行分类。然而，我们可以从行为成本的角度对气候变化减缓行为的关键词进行分组。由于公众的多数减缓行为本质上涉及生活方式的转变，包括经济成本（如从驾驶传统燃油车转向电动车）和心理成本（如从传统肉食转向素食消费），我们可以合理推测，行为成本越高，公众采取这些行为的意愿可能越低，对相关关键词的关注度受气温变化的影响也可能越小。借鉴 Wyss 等（2022）的研究，我们将 10 个气候变化减缓行为关键词按照行为成本从低到高的顺序分为三类，如表 3-1 所示。第一类关键词仅包含"低碳生活"这一泛泛而谈的词汇，它不需要具体的行为实施，因此成本最低。第二类关键词包括"节能降耗""节约用电""节约用水""节能减排"和"绿色出行"，这些与公众日常生活中的行为紧密相关，相对容易实施。第三类关键词包括"废物利用""垃圾分类""素食主义"和"小排量汽车"，这些关键词涉及的减缓行为具有较高的心理或经济成本。

通过考察高温天气如何影响公众对各类适应和减缓措施的关注度，我们能够揭示公众在气候变化应对中的优先选择和行为模式。这些发现有助于政策制定者更准确地理解公众在面对气候变化时的行为偏好，为制定针对性的气候应对策略提供科学依据。

3.3.2 气候变化应对行为百度指数与天气数据

本章使用的数据主要来源于以下两个渠道。

第一，气候变化适应和减缓行为关键词百度指数来自百度网站，包括表 3-1 中 20 个关键词数据。研究时段为 2011 年 1 月 1 日~2020 年 12 月 31 日，研究范围涵盖中国 329 个城市。数据类型为日度数据，共计包含 1 198 550 个样本点[①]。

第二，国家气象信息中心 337 个地面气象站的每日气象数据。为了与城市-日度级别的百度指数数据进行匹配，我们基于反向距离加权插值法（Currie and Neidell，2005；Deschenes and Greenstone，2007；Schlenker and Walker，2016），将气象站数据转换为城市-日度天气数据。气象变量包括城市日度层面的降水量、相对湿度、降水量、日照小时数和平均风速。

3.3.3 面板固定效应模型

本章基于面板固定效应回归模型，探究气温对公众气候变化适应行为和减缓

---

① 因为数据可得性，气候变化减缓行为关键词百度指数的样本时间为 2011 年 1 月 1 日~2020 年 8 月 31 日。

行为关注度的影响。基准模型如方程（3-1）和方程（3-2）所示：

$$\ln \text{Adapt}_{it} = \alpha_{A,0} + \sum_{I=1}^{7} \text{Tem\_interval}_{I,it} \beta_{A,I} + \gamma \text{Weather}_{it} + \lambda_t + \delta_{iym} + \varepsilon_{it} \quad (3\text{-}1)$$

$$\ln \text{Miti}_{it} = \alpha_{M,0} + \sum_{I=1}^{7} \text{Tem\_interval}_{I,it} \beta_{M,I} + \gamma \text{Weather}_{it} + \lambda_t + \delta_{iym} + \varepsilon_{it} \quad (3\text{-}2)$$

式中，i、t 分别为城市和日历日；被解释变量 Adapt_{it}、Miti_{it} 分别为城市 i 在日历日期 t 的气候变化适应行为和减缓行为 10 个关键词的百度指数之和，以此反映公众对气候变化适应和减缓行为的关注程度。

本研究的核心解释变量是 $\text{Tem\_interval}_{I,it}$，这是一组表示城市 i 在日期 t 的平均气温是否落在某特定温度区间的虚拟变量（$I=1, \cdots, 7$）。这些温度区间以 $\leq 5\text{℃}$ 为起点，以 $>30\text{℃}$ 为上限，每个区间宽度为 5℃。例如，$\text{Tem\_interval}_{1,it}$ 取 1 表示城市 i 在日期 t 的日均气温 $\leq 5\text{℃}$，而 $\text{Tem\_interval}_{2,it}$ 取 1 表示日均气温在（5℃，10℃］区间，以此类推，直至 $\text{Tem\_interval}_{7,it}$ 取 1 表示日均气温 $>30\text{℃}$。通过使用这些温度区间虚拟变量，我们可以灵活地探索气温与公众气候变化行为关注度之间的非线性关系。在本章实证分析中，估计系数 $\beta_{A,I}$ 和 $\beta_{M,I}$ 是我们关注的重点，分别表示在其他条件不变的情况下，温度区间 I 每增加一天，公众对气候变化适应（减缓）行为的关注度增加（$100 \times \beta_{A,I}$）%［（$100 \times \beta_{M,I}$）%］。

Weather 代表一系列天气控制变量，包括降水量（pre）、相对湿度（rhu）、平均风速（win）、日照小时数（ssd）和平均气压（prs），这些变量及其对应的二次项被纳入模型，以捕捉天气条件对公众气候变化行为关注度可能存在的非线性影响。

为控制日期层面不随城市变化的不可观测因素影响，如季节性因素、法定节假日等，模型中引入了日期固定效应 λ_t。同时，为考虑不同城市随时间和月份变化的因素，如城市 GDP 水平、城市人口、城市互联网用户等，模型纳入了城市与年月交互的固定效应 δ_{iym}。最后，ε_{it} 为随机扰动项，表示模型中未能观测到的随机误差。

表 3-2 展示了主要变量的描述性统计结果。其中，样本城市平均每日的气候变化适应行为关键词百度指数为 143.01，相比之下，气候变化减缓行为关键词百度指数略高，为 154.70，表明在样本城市中，公众对气候变化减缓行为的关注度略高于对适应行为的关注度。

表 3-2 主要变量的定义和描述性统计（2011~2020 年）

变量	符号	均值	标准差	最小值	最大值
适应行为关键词百度指数	Adapt	143.01	208.08	0	6 138
减缓行为关键词百度指数	Miti	154.70	302.30	0	63 075

续表

变量	符号	均值	标准差	最小值	最大值
气温区间≤5℃	Tem_interval$_1$	0.21	0.41	0	1
气温区间（5℃，10℃］	Tem_interval$_2$	0.12	0.32	0	1
气温区间（10℃，15℃］	Tem_interval$_3$	0.14	0.35	0	1
气温区间（15℃，20℃］	Tem_interval$_4$	0.17	0.37	0	1
气温区间（20℃，25℃］	Tem_interval$_5$	0.19	0.40	0	1
气温区间（25℃，30℃］	Tem_interval$_6$	0.15	0.36	0	1
气温区间>30℃	Tem_interval$_7$	0.02	0.15	0	1
平均气温	Avg_tem	14.13	11.19	−38.58	35.85
降水量/mm	pre	47.96	1 624.83	0	90 699
平均气压/kPa	prs	95	8.65	57.45	104.34
相对湿度/%	rhu	67.99	18.03	4.22	100
日照小时数/h	ssd	5.57	4	0	15.48
平均风速/（m/s）	win	2.11	1.04	0	18.99

此外，气候变化适应行为和减缓行为关键词百度指数的变异系数（标准差与平均值的比值）分别为1.46和1.95，显示出较高的离散程度。这一结果反映了样本城市之间公众对气候变化应对行为关注度存在一定差异，表明不同城市在气候变化问题上的关注点和应对策略的优先级有所不同。这种异质性的存在可能受到多种因素如地域特性、气候条件、经济发展水平以及公众的环保意识等的影响。

3.4 公众对气候变化应对行为关注度的时空特征

3.4.1 气候变化应对行为关注度的变化趋势

由于关键词体量较大，我们首先将城市级别的日度关键词百度指数加总为全国层面的月度数据，以刻画中国公众对气候变化应对行为的关注度随时间变化的趋势。如图3-1所示，黑实线代表2011～2020年全国月度气候变化适应行为关键词百度指数，灰虚线代表气候变化减缓行为关键词百度指数。从整体趋势来看，2011~2020 年，中国公众对气候变化适应和减缓行为信息的搜索量逐步上升。特别是气候变化减缓行为关键词百度指数，自 2019 年起呈现出明显的上升趋势，这与国家层面对气候减缓行为的宣传和政策实施密切相关。

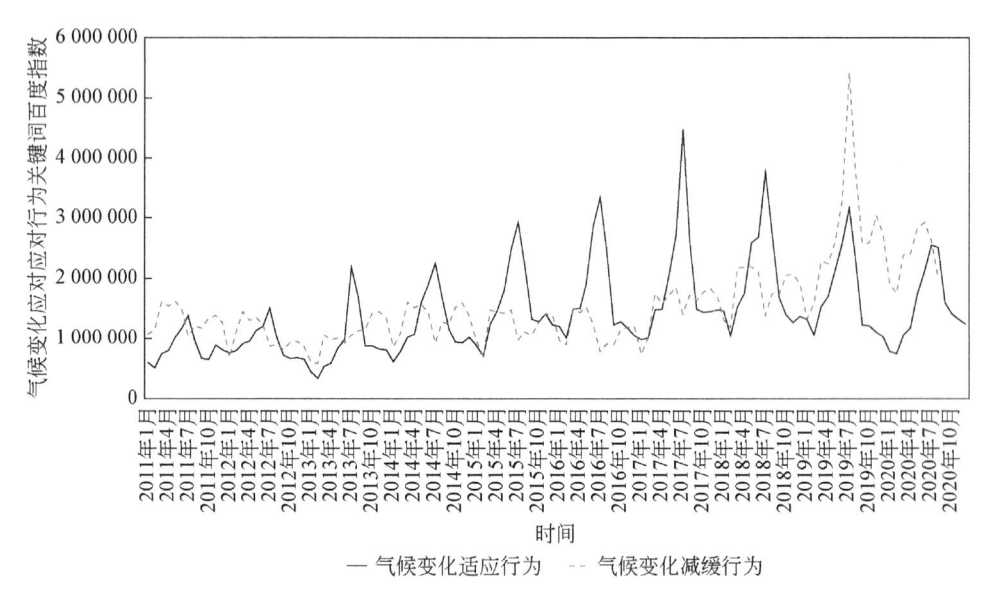

图 3-1　气候变化应对行为关键词百度指数变化趋势

注：每条折线表示的百度指数为样本城市日度百度指数在年-月时间尺度上的加总

从波动趋势来看，图 3-1 传递出的一个很明显的信息是，在一年中的春、秋、冬季，气候变化适应和减缓行为关键词百度指数随时间的变化轨迹基本重叠。但在每年的 4~8 月，公众对气候变化适应行为信息的搜索量随着气温的升高而陡增，而气候变化减缓行为关键词百度指数并没有出现明显的增减趋势。这些观察结果很可能表明，在经历高温天气时，公众更倾向于寻求能够迅速缓解当前风险并产生即时效果的适应行为信息，而不是那些需要较长时间才能显现公共环境收益的减缓行为，这种倾向反映了公众对于即时和直接应对气候变化的紧迫需求。

3.4.2　气候变化应对行为关注度的关键词类别差异

图 3-2 根据表 3-1 的分类，进一步展示了全国层面不同类别气候变化应对行为关键词百度指数的变化趋势。对于气候变化适应行为，在大多数年份，4~8 月，随着平均气温的上升，第一类气候变化适应行为关键词百度指数的增长趋势最为显著，其次是第二类气候变化适应行为关键词百度指数，而第三类气候变化

第 3 章 | 天气越热，公众越关注气候应对吗？

适应行为关键词百度指数随气温变动的趋势并不明显。在气候变化减缓行为方面，图 3-2 显示，无论行为成本高低，三类气候变化减缓行为关键词百度指数与气温变化之间并不存在明显的联动趋势。

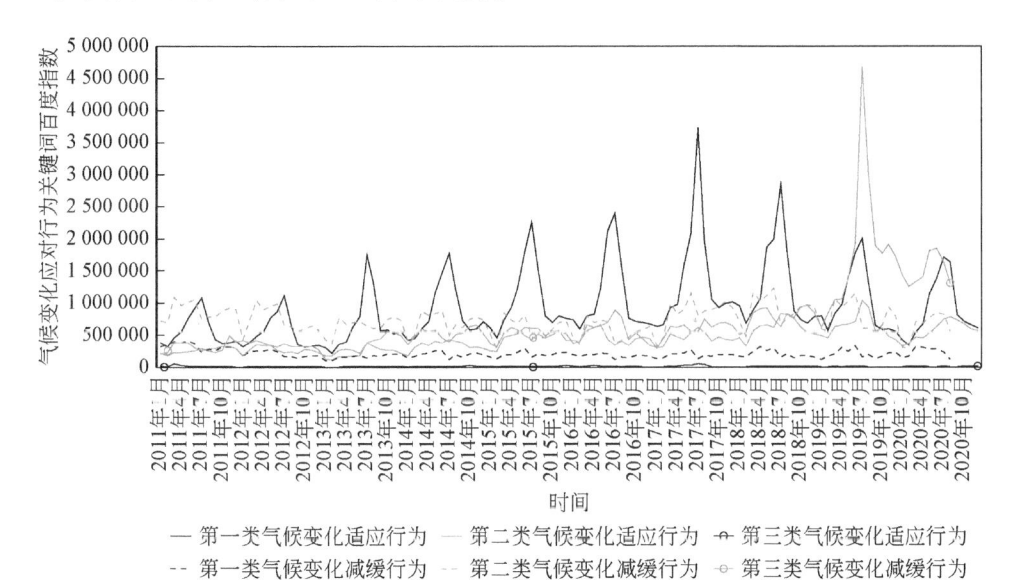

图 3-2 气候变化行为关键词百度指数变化趋势（按关键词类别分）

注：每条折线表示的百度指数为相应关键词类别内各城市日度百度指数在年-月时间尺度上的加总

图 3-2 中的描述性统计图进一步凸显了图 3-1 所展现的信息，为其提供了有力的支持证据。数据显示，在面临气候变化风险尤其是本章中探讨的高温风险时，中国公众的直观反应是倾向于采取能够迅速缓解这些风险的适应措施，这些措施包括使用空调、电风扇以及采取其他防暑降温手段。相比之下，气候变化减缓行为，如日常生活中的节能减排、节约用电等，虽然实施成本较低，但由于其风险规避效果并非立竿见影，因此未能有效吸引公众的广泛关注。需要指出的是，图 3-1 和图 3-2 仅仅呈现了数据的描述性统计特征。为了得出更为严谨和稳健的结论，我们还需要对这些数据进行实证检验。

3.4.3 气候变化应对行为关注度的地区差异

图 3-3 和图 3-4 根据城市等级划分，展示了居住于不同等级城市的公众对气候变化应对行为关注度的差异。从图 3-3 可以明显地看出，一线城市网民对气候变化适应行为相关信息的关注度居于领先地位，他们对于这些信息的搜索量占到了样本中所有城市百度指数的 50% 以上。随着城市经济发展水平的下降，对气

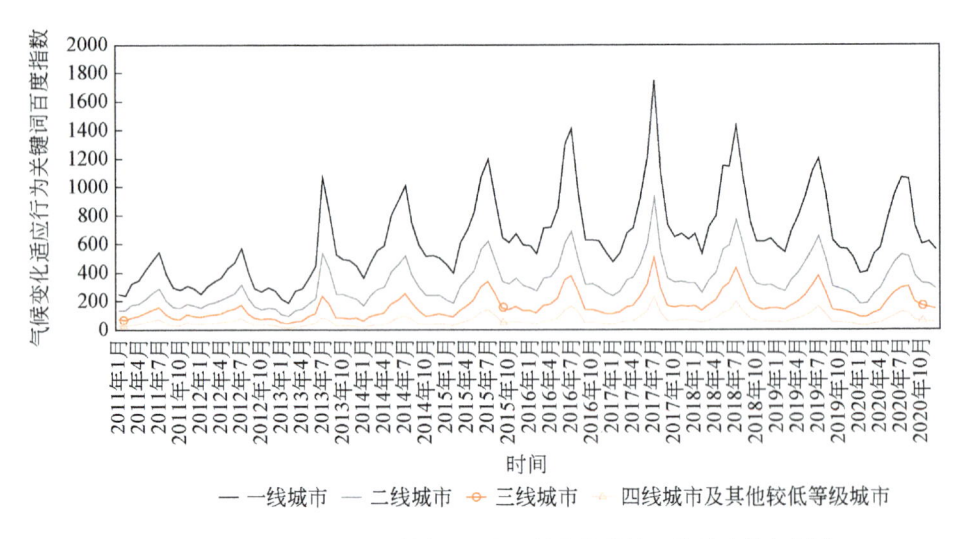

图 3-3　气候变化适应行为关键词百度指数变化趋势（按城市等级划分）

注：城市等级的百度指数为相应等级内各城市日度百度指数在年-月时间尺度上的均值。城市等级划分参照《2023年中国城市商业魅力排行榜》

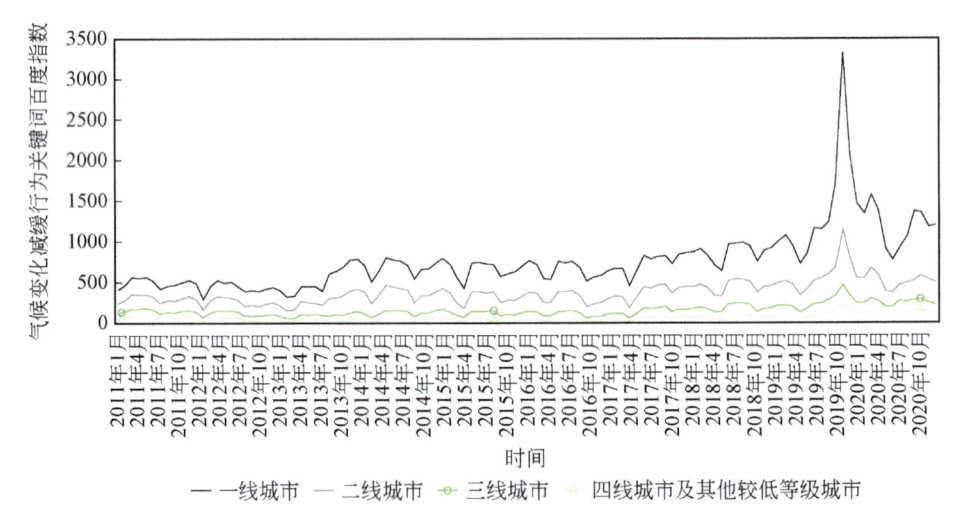

图 3-4　气候变化减缓行为关键词百度指数变化趋势（按城市等级划分）

注：同图 3-3

候变化适应行为的关注度也相应地在二线城市、三线城市、四线城市及其他较低等级城市中逐渐降低。类似地，图 3-4 显示，一线城市网民对气候变化减缓行为的关注度高于二线城市、三线城市、四线城市及其他较低等级城市的网民，这一发现与郑思齐等（2013）的研究结论相呼应，即在互联网用户活跃度更高、经济发展水平更先进、人力资本更丰富的地区，公众的网络搜索行为更为频繁，因此通过百度指数反映出的气候变化行为关注度也相应更高。这些结果表明，城市的经济发展水平和人力资本可能是影响公众对气候变化行为关注度的重要因素。

3.5 公众对气候变化应对行为关注度的影响因素

3.5.1 基准结果

表3-3展示了基准模型的回归分析结果。具体来看，列（1）和列（2）呈现了模型（3-1）的结果，其中被解释变量是气候变化适应行为关键词百度指数的自然对数。在列（1）中，没有纳入城市-年-月的固定效应，而在列（2）中，在列（1）的基础上引入了城市-年-月的固定效应。同样地，列（3）和列（4）展示了模型（3-2）的回归结果，其中被解释变量为气候变化减缓行为关键词百度指数的自然对数。在列（3）中，未控制城市-年-月固定效应，而在列（4）中，在列（3）的基础上加入了城市-年-月固定效应。

表3-3 日均气温对气候变化应对行为关键词百度指数的影响

项目	适应行为关键词百度指数的自然对数		减缓行为关键词百度指数的自然对数	
	（1）	（2）	（3）	（4）
日均气温区间（5，10℃]	0.152 (0.093)	-0.095*** (0.010)	0.057 (0.091)	0.009 (0.010)
日均气温区间（10℃，15℃]	0.118 (0.138)	-0.178*** (0.014)	0.057 (0.137)	0.010 (0.013)
日均气温区间（15℃，20℃]	0.203 (0.190)	-0.183*** (0.017)	0.090 (0.191)	0.007 (0.016)
日均气温区间（20℃，25℃]	0.535** (0.255)	0.018 (0.021)	0.086 (0.254)	0.001 (0.018)
日均气温区间（25℃，30℃]	0.998*** (0.319)	0.373*** (0.026)	0.044 (0.330)	-0.006 (0.020)
日均气温区间>30℃	1.439*** (0.351)	0.700*** (0.034)	0.134 (0.377)	0.038 (0.024)

续表

项目	适应行为关键词百度指数的自然对数		减缓行为关键词百度指数的自然对数	
	（1）	（2）	（3）	（4）
常数项	5.276	7.717*	−1.574	9.210***
	(3.952)	(4.123)	(4.056)	(2.411)
天气控制变量	控制	控制	控制	控制
日期固定效应	控制	控制	控制	控制
城市–年–月固定效应	未控制	控制	未控制	控制
样本量	1 200 927	1 200 927	1 159 158	1 159 158
调整后的 R^2	0.321	0.660	0.243	0.622

注：标准误均在城市层面进行聚类。***、**、*分别代表 $p<0.01$、$p<0.05$、$p<0.1$。

在列（2）中，当日均气温处于（25℃，30℃]区间时，回归系数为0.373，而当日均气温超过30℃时，回归系数为0.700。这些系数在1%的显著性水平上均为正值，表明在其他条件保持不变的情况下，与低于5℃的日均气温相比，日均气温（25℃，30℃]和日均气温超过30℃的高温天气分别导致平均每个城市每天的气候变化适应行为关键词百度指数增加37.3%和70.0%。这一发现强调了高温天气对公众关注适应行为的显著促进作用。然而，列（3）和列（4）的回归结果并未显示出高温天气对公众关注气候变化减缓行为具有统计学意义上的显著影响。这表明，高温天气虽然显著提升了公众对适应行为的关注度，但并未对减缓行为的关注产生相似的影响。这些结果可能暗示着在面对直接的气候影响时，公众更倾向于寻求即时的适应措施，而不是长期的减缓策略。

基准回归分析的结果揭示了公众在面对气候风险时对不同气候变化应对行为方案的偏好顺序。在遭遇气候风险的情况下，公众更倾向于关注那些能够迅速减轻当前风险的适应行为信息，这种倾向的一个可能解释是，在缺乏强制性气候减缓行为政策的情况下，公众更倾向于采取能够最大化个人效用的行为。在这种情况下，私人利益（通过适应行为减少个人风险，而减缓行为的风险缓解效果相对较小）往往被置于公共利益（如二氧化碳排放为公共物品）之上，短期利益（适应行为的即时收益）往往被优先考虑，而不是长期利益（例如，为了保护下一代，减缓行为是必要的，但这意味着在当前需要承担成本）。

3.5.2 异质性分析

基准回归分析的结果指出，公众在应对高温时更倾向于优先考虑那些效果最显著且能够即时发挥作用的气候变化适应行为。基于这一发现，我们推测公众对于具体的气候变化适应或减缓行为也存在着一种优先级的排序。因此,我们首先根据表3-1中的分类,对气候变化适应和减缓行为关键词的百度指数进行了分组回归分析,以探讨不同类别行为之间的优先级差异。

表3-4为按照关键词类别进行分组回归的异质性分析结果。列(1)~列(3)是气候变化适应行为关键词分组回归。结果显示,在其他条件不变的情况下,相较于5℃及5℃以下的日均气温,经历30℃以上的高温使得平均每个城市每天第一类气候变化适应行为关键词百度指数增加了80.7%(1%的显著性水平),第二类气候变化适应行为关键词百度指数增加了11.3%(1%的显著性水平),而第三类气候变化适应行为关键词百度指数的变化在统计学意义上不显著,这与我们的预期一致:由于空调、电风扇、防暑降温这类行为对于缓解高温风险最直接有效,因此高温天气使公众更关注这类信息。而穿衣指数、天气预警虽然也能在一定程度上预防高温风险,但效果相较于第一类关键词较弱,导致较少的关注。第三类关键词(应急包、应急物资)则与其他极端天气适应行为相关,其关注度未受到高温天气的影响。

列(4)~列(6)是气候变化减缓行为关键词分组回归结果。与基准结果一致,高温天气并不会使公众更加关注气候变化减缓行为信息,即使是行为成本较低的节能减排、节约用电等日常减缓行为。

上述异质性分析结果进一步印证了基准回归的结论——气温上升会带来人们注意力的分配转移,即对私人利益的关注度超过公共利益。另一个重要启示在于:当感知到高温风险时,中国公众对空调、电风扇这类行为的关键词的关注度最高,而这些行为导致的用电量上升往往伴随着碳排放量的增加。因此,随着气候变化问题加剧,未来极端高温更频繁地出现很可能导致居民更频繁的空调和电风扇使用行为,政策制定者需要思考未来如何建设低碳且富有弹性的电力系统,以及促进制冷电器设备的能效提升,以应对因适应行为产生的额外碳排放。

居民对气候风险反应的强度受气候风险的暴露程度和气候适应能力(Masozera et al., 2007)两个关键因素的影响。一般而言,低收入群体由于居住环境较差和长期户外工作的特性,面临更高的气候风险暴露。与此同时,高收入群体由于拥有更强的经济能力,能够通过购买空调、电风扇或改变居住地等方式更好地适应高温环境(Pavanello et al., 2021)。这种差异导致的结果是,低收入群体感受到的高温风险更大,对气候风险的反应更为敏感(Chen et al., 2021),因此在经历高温天气时,他们可能更加关注气候变化应对行为的信息。为了探究这一现象,我们以城市等级作为衡量公众综合经济水平的一个指标,并基于城市等级对气候变化行为的百度指数进行第二组异质性分析。

表 3-4 日均气温对气候变化行为关键词百度指数的影响（按关键词类别异质性分析）

项目	不同类别气候变化适应行为关键词百度指数的自然对数			不同类别气候变化减缓行为关键词百度指数的自然对数		
	第一类 (1)	第二类 (2)	第三类 (3)	第一类 (4)	第二类 (5)	第三类 (6)
日均气温区间 (5℃, 10℃]	-0.126*** (0.011)	0.011 (0.008)	0.004 (0.003)	-0.009 (0.008)	0.026** (0.010)	-0.000 (0.010)
日均气温区间 (10℃, 15℃]	-0.249*** (0.015)	0.036*** (0.012)	0.005 (0.004)	0.001 (0.011)	0.026* (0.014)	-0.002 (0.012)
日均气温区间 (15℃, 20℃]	-0.263*** (0.018)	0.029* (0.016)	0.009* (0.005)	0.007 (0.014)	0.031* (0.017)	-0.004 (0.014)
日均气温区间 (20℃, 25℃]	-0.006 (0.023)	0.035* (0.019)	0.005 (0.005)	0.018 (0.016)	0.039* (0.020)	-0.021 (0.016)
日均气温区间 (25℃, 30℃]	0.437*** (0.030)	0.063*** (0.022)	0.006 (0.006)	-0.001 (0.019)	0.034 (0.023)	-0.030 (0.019)
日均气温区间 >30℃	0.807*** (0.037)	0.113*** (0.026)	0.008 (0.008)	0.013 (0.022)	0.015 (0.027)	-0.006 (0.023)
常数项	12.364*** (3.808)	-13.835*** (2.387)	0.126 (0.631)	2.158 (1.872)	7.545*** (2.877)	6.439*** (1.903)
天气控制变量	控制	控制	控制	控制	控制	控制
日期固定效应	控制	控制	控制	控制	控制	控制
城市-年-月固定效应	控制	控制	控制	控制	控制	控制
样本量	1 200 927	1 200 927	1 200 927	1 159 158	1 152 182	1 159 158
调整后的 R^2	0.633	0.561	0.228	0.466	0.512	0.615

注：标准误均在城市层面进行聚类。***、**、* 分别代表 $p<0.01$、$p<0.05$、$p<0.1$。

第3章 | 天气越热，公众越关注气候应对吗？

表 3-5 日均气温对气候变化行为关键词百度指数的影响（地区异质性分析）

项目	气候变化适应行为关键词百度指数的自然对数				气候变化减缓行为关键词百度指数的自然对数			
	一线城市 (1)	二线城市 (2)	三线城市 (3)	四线城市及其他较低等级城市 (4)	一线城市 (5)	二线城市 (6)	三线城市 (7)	四线城市及其他较低等级城市 (8)
日均气温区间（5℃，10℃]	-0.026*** (0.009)	-0.050*** (0.009)	-0.087*** (0.016)	-0.107*** (0.013)	-0.006 (0.007)	-0.008 (0.014)	0.034 (0.021)	0.006 (0.013)
日均气温区间（10℃，15℃]	-0.040*** (0.013)	-0.059*** (0.013)	-0.146*** (0.021)	-0.218*** (0.018)	-0.007 (0.007)	-0.019 (0.015)	0.033 (0.027)	0.016 (0.016)
日均气温区间（15℃，20℃]	-0.053*** (0.015)	-0.064*** (0.019)	-0.155*** (0.025)	-0.230*** (0.023)	-0.015 (0.012)	-0.013 (0.019)	0.059* (0.031)	0.002 (0.021)
日均气温区间（20℃，25℃]	-0.030* (0.017)	-0.014 (0.023)	-0.062** (0.027)	0.027 (0.028)	-0.005 (0.012)	-0.014 (0.023)	0.082** (0.035)	-0.013 (0.024)
日均气温区间（25℃，30℃]	0.083*** (0.020)	0.125*** (0.030)	0.152*** (0.032)	0.504*** (0.036)	-0.001 (0.014)	-0.011 (0.025)	0.071* (0.036)	-0.018 (0.028)
日均气温区间>30℃	0.280*** (0.021)	0.320*** (0.037)	0.398*** (0.038)	0.972*** (0.048)	0.016 (0.019)	-0.008 (0.039)	0.070 (0.044)	0.043 (0.036)
常数项	31.620*** (8.282)	8.275** (6.761)	21.993** (9.801)	0.900 (4.327)	4.246 (6.342)	7.536 (4.776)	10.266 (10.381)	7.103** (2.805)
天气控制变量	控制	控制	控制	控制	控制	控制	控制	控制
日期固定效应	控制	控制	控制	控制	控制	控制	控制	控制
城市-年-月固定效应	控制	控制	控制	控制	控制	控制	控制	控制
样本量	69 374	105 780	255 587	770 586	66 962	102 099	246 698	743 399
调整后的 R^2	0.886	0.652	0.464	0.524	0.337	0.553	0.434	0.477

注：标准误均在城市层面进行聚类。***、**、*分别代表 $p<0.01$、$p<0.05$、$p<0.1$。

表 3-5 汇报了气候变化行为关键词百度指数按城市等级分组回归的结果。列（1）~（4）回归结果的被解释变量为气候变化适应行为关键词百度指数。结果显示，高温对公众气候变化适应行为关注度的影响呈现出较大的地区差异。当日均气温超过30℃时，四线城市及其他较低等级城市组别的公众对高温的反应最强烈，气候变化适应行为关注度显著增加了97.2%；其次是三线城市，增加了39.8%；二线城市（32.0%），一线城市（28.0%）公众的气候变化适应行为关键词百度指数的增加幅度依次递减。现有研究显示，感知到高温风险的高收入群体更可能采取适应性措施，因此对适应行为的需求并不如低收入群体那么迫切。我们的分城市等级异质性分析结果从侧面印证了这一观点，高温天气对公众气候变化适应行为信息关注度的影响随城市经济发展水平的提高而降低。

同样地，表 3-5 的列（5）~（8）显示，无论经济发展水平高低，气温变化对气候变化减缓行为关注度始终不具有显著的影响，这一结论具有较强的政策意义。现有研究普遍发现高收入群体具有更高的碳排放量，他们理应具有更高的减排责任。但本章发现即使是经历高温天气这样的气候风险，这些群体的气候变化减缓行为意识依然非常薄弱（与其他群体并无显著差异）。因此，政府应该进一步加大对这类群体的气候变化减缓行为的宣传工作，提高公众对气候变化减缓行为的关注度。

3.6 结论与政策建议

本章采用2011年1月1日~2020年12月31日中国300多个城市的日度数据，包括气候变化适应和减缓行为的关键词百度指数以及天气数据，构建了固定效应回归模型，探讨了气温变化对中国公众气候变化应对行为关注度的影响。研究结果显示：首先，高温经历显著提高了中国公众对气候变化应对行为的关注度，但这种效应仅体现在对气候变化适应行为的关注上，而对气候变化减缓行为的关注并未受到高温的显著影响。其次，通过对不同类别的气候变化适应行为关键词进行分组回归分析，我们发现高温天气对那些能最直接、最有效地缓解高温风险的适应行为（如空调、电风扇、防暑降温等）的影响最为显著，而对应对极端气候灾害的适应行为（如应急包、应急物资等）的影响并不明显。此外，地区异质性分析显示，四线城市及其他较低等级城市气候变化适应行为关键词百度指数对高温的回归系数是一线城市的4倍。最后，无论是关键词异质性分析还是城市等级分组回归，都没有发现高温经历对公众关注气候变化减缓行为有显著影响的证据。

结合本研究结论，为了完善气候变化治理政策并推动居民低碳转型，本章提出以下建议。

首先，在宏观层面制定气候政策时，应避免政策的偏向性，统筹兼顾气候适应政策和减缓政策的制定与实施。目前，中国的气候政策集中于减缓碳排放，而对适应问题的关注不足。本章的基准回归结果表明，中国公众在应对气候变化风险（尤其是高温）时，更倾向于关注气候变化的适应行为。这一现象反映出中国公众普遍面临着较高的气候风险脆弱性，适应能力有限，因此对短期风险适应有着较高的需求。然而，过度关注适应行为可能会削弱公众在减缓行为方面的重视度和努力。这一发现对政府制定政策具有重要的启示意义：除了个体适应性措施，地方政府在缓解短期热风险方面应扮演更为重要的角色。例如，通过加强住宅区冷却中心（如绿地、水域）的战略布局、在热浪期间提供紧急冷却庇护所、向公众提供高温补贴等措施，降低公众的气候风险脆弱性并提升其适应能力。这些有效的适应措施可以引导公众将更多的时间、精力和经济资源投入气候减缓行为中。

其次，应重点关注能源密集型的适应行为（如空调）对电力消耗和碳排放的影响。根据本章对气候变化适应行为关键词的分类别异质性分析，我们发现公众在遭遇高温天气时，会特别重视能够直接有效缓解高温风险的适应行为，如使用空调和电风扇等。这些适应措施虽然能够提供即时的缓解效果，但同时也伴随着高能耗和高碳排放的问题。此外，随着家庭收入的增加和全球平均气温的升高，空调的使用量预计将显著增加。虽然能源效率的持续提升、新型冷却技术的开发以及清洁能源的发展有望缓解二氧化碳排放量的增长，但在中短期内，新增的发电能力很可能仍依赖于化石燃料。这一现象凸显了个人层面的气候适应行为对气候变化潜在的巨大影响，并提示政策制定者需要未雨绸缪，及时规划制冷能源系统的发展。例如，加快空调、电风扇等制冷电器节能技术的研发和应用；加快建设低碳且富有弹性的电力系统，从节能增效和能源结构优化两方面来最小化由气候变化适应行为带来的电力消耗增加对温室气体减排的负面影响。

最后，在推进气候变化治理的过程中，我们应当特别关注那些气候脆弱群体，并构建一个公平公正的气候转型路径。目前，气候变化治理的紧迫性日益凸显，在这一进程中，我们不仅需要关注全球范围内的气候公平问题，还必须重视国内地区间的气候公平问题。本章基于城市等级分组回归的结果表明，高温对经济发达城市气候变化应对行为关注度的影响相对较小，而经济欠发达城市对高温的反应更敏感。这一发现揭示了低收入群体在气候风险暴露程度和适应能力方面的脆弱性。因此，政府在气候变化治理过程中应特别关注这些弱势群体。可以借鉴国际上的成功案例，如印度艾哈迈达巴德市针对贫民窟社区弱势群体实施的防极端高温计划，以及美国部分州要求雇主为户外劳动者提供足够的淡水和阴凉休息处，并组织热病预防培训的做法。中国政府应针对重点脆弱群体开展气候变化健康风险和适应能力评估，提升适应系统的普惠性，确保低社会经济地位者和其他在气候变化和极端天气事件中的脆弱人群得到有效保护。通过这些措施，我们可以构建一个更加公平公正的气候转型路径。

第4章 从传播到关注：气候议题的公众影响

4.1 研究背景

推广气候传播，普及气候变化信息及相关科学知识，是提升公众对复杂气候科学理解、促使其自发采取低碳行动的关键途径。中国气候传播项目组（2011）指出，这一过程在应对气候变化中扮演着不可替代且至关重要的角色。自1990年IPCC发布首份评估报告，确认气候变化科学基础以来，众多国际权威机构纷纷投身气候传播事业，定期发布气候变化报告，对国际社会及公众了解气候变化最新动态起到了积极的作用。中国政府也始终不渝地推进气候传播工作，其气候传播实践与全球进程基本保持同步。如今，通过举办"全国节能宣传周""全国低碳日"等活动，发布气候变化科学事实和影响报告，以及将生态文明建设纳入国民教育体系等举措，已成为我国实现碳达峰碳中和战略的重要部分。

气候传播活动的热烈开展充分体现了科学界与政策制定者之间已达成的广泛共识：应对气候变化是确保地球生态安全、推动国家经济社会持续发展、保障人民健康幸福的必要途径，而且公众的积极参与是这一进程中的关键环节。尽管如此，最新的研究成果仍然揭示了一个不容忽视的现象：虽然中国公众普遍认同气候变化已经发生的事实，并对政府与企业采取的气候变化应对措施给予了高度的评价和支持，但是真正意识到气候变化可能带来严重后果，并主动采取行动以缓解气候变化的公众人数却相对较少（王彬彬，2020；Yang et al.，2021；Andre et al.，2024）。因此，虽然我国在气候传播领域有着扎实的实践基础和丰富的历史经验，但大多数公众对气候传播活动的行为响应似乎并未达到预期的效果。

气候传播任务的艰巨性源自两个主要因素：首先，在传播内容层面，气候变化议题的复杂性是显而易见的。它涉及从温室气体浓度波动，到平均气温上升，再到中长期气候风险评估，这一连串复杂的概念和逻辑链条无疑提高了向公众准确传递气候科学知识的挑战性。其次，在传播特性方面，作为气候传播内容的主要生产者，科学家或政府在语言表达上常常采用"气候变化""全球变暖"等系统性、宏观性概念，构建了一种强调气候问题严重性和全局性的传播框架（苗兴伟和刘波，2023）。这种传播方式实际上并不符合普通公众的认知习惯。由于缺乏专业知识和注意力资源的有限性，公众往往不会深入探究信息背后的深层知识，而是倾向于依据最直观的线索简化信息处理，形成对气候变化的认知（Williams et al.，2014；覃哲和郑权，2020；蔡进和曲宠颐，2023）。因此，在当前中国的传播特征下，当公众对气候传播内容的理解和关注仅限于那些频繁出现的系统性、宏观性概念时，他们对应对长期气候风险的紧迫性、政策初衷，以及自己在气候变化治理中的作用就缺乏清晰的认识。这种认知偏差最终导致了公众减缓行动的实践与政策和科学共识之间的不匹配。

针对这一挑战，关键的突破点在于深入理解公众在接收气候传播信息时的处理逻辑，并据此对传播内容进行策略性的重构设计。这种设计应以强化个人与气候变化之间的联系、激发其内在行动动力为目标，从而更有效地呈现信息。本章利用 2011~2020 年中国城市级别的气候变化知识、适应和减缓行为关键词的百度指数以及相关天气数据，从气候传播的视角构建了一个分析框架，旨在探讨气候传播的主要内容特征如何影响中国公众对气候变化知识和行为信息的关注，并在此基础上总结出公众在接收气候传播信息时的处理逻辑。

4.2 理论基础与研究假设

本章核心目标在于揭示中国公众在接收气候传播信息时所采用的信息处理逻辑。现有研究指出，由于认知资源的有限性，公众在处理复杂信息时往往倾向于依赖少数简单且易获取的线索来简化推理过程，并据此进行判断（Todorov et al.，2002）。考虑到气候变化议题的复杂性，我们推测公众在接触气候传播信息时，其处理过程很可能遵循相似的简化逻辑。也就是说，他们可能主要基于接触到的表层信息来构建对气候变化的认知，而不会深入探究气候传播内容背后的政策意图和深层次知识（Yim and Vaganov，2003；Zaval and Cornwell，2016；Lorenz-Spreen et al.，2019）。如果中国公众在接收气候传播信息时的确表现出这种处理逻辑，我们预计会看到他们在气候传播的影响下，更加倾向于关注那些在传播内容中频繁出现、直观明了且不需要额外认知努力即可理解的信息，而对于那些未被气候传播突出或忽视的信息，则较少投入注意力资源。

为了验证关于中国公众在接收气候传播信息时处理逻辑的假设，本章通过 3 条递进式的逻辑路径，逐步深入探讨并验证所提出的假设。

1）气候传播对气候变化知识关注度的影响

第一步分析是基础性的，旨在探讨特定的气候传播内容特征如何塑造公众对特定气候变化知识的关注。虽然实现需求侧减排最终依赖于公众采取低碳行动，但气候传播远非仅仅呼吁大众参与减缓气候变化的行动,其更深层次的目标在于激发公众的减排动力,从而引发公众行为的内在转变。因此,我们将气候传播如何影响公众对气候变化知识的关注度作为分析的起点。如前所述,气候变化知识极为复杂,它不仅包含气候变化、全球变暖等系统性概念,还涉及与个体减排动力紧密相关的气候变化成因和长期气候风险信息。公众只有认识到温室气体排放的源头与个人日常行为密切相关,以及减缓气候变化对规避长期气候风险的重要性,才可能产生在当下采取减缓行动的动力。然而,大量对气候传播文本内容的研究分析表明,中国的气候传播设计在报道气候变化知识时,往往侧重于系统性气候变化概念的阐述,如"应对气候变化""应对全球变暖""高温预警"等词汇在气候传播中出现的频率极高(覃哲和郑权,2020;陈龙,2023;蔡进和曲宠颐,2023)。这种高频使用系统性概念的表达方式可能会吸引公众将更多注意力和时间投入到对这些信息的关注上,但同时导致他们对其他关键气候变化信息,如激发减排动力的气候变化成因和长期气候风险信息的关注不足。基于此,本研究提出以下假设。

假设1:与气候变化成因、长期气候风险等知识相比,气候传播对中国公众对气候变化系统性知识关注度的影响更为显著。

2)气候传播对气候变化应对行为信息关注度的影响

第二步分析聚焦于气候传播如何影响公众对气候应对行为信息的关注度。首先,基于第一步分析,当公众的注意力被"全球变暖""气候变化""高温预警"等系统性概念主导时,他们倾向于采取简化的信息处理方式,这可能导致他们将复杂的气候变化风险简化为单一的高温风险。这种对气候风险的简化理解可能会使公众在寻求应对措施时,过度集中于适应策略,尤其是针对高温的适应行为,而忽视了气候减缓行为的相关信息(Shi et al.,2023;Du et al.,2023)。另外,认知心理学的研究表明,个体的环境行为动机与其对问题成因的认知和解决问题的紧迫感密切相关(Dunlap and van Liere,1978)。因此,公众对温室效应、温室气体、海平面上升等气候变化成因和长期气候风险信息的忽视,也会直接削弱他们对减少温室气体排放量、应对长期气候风险的减缓行为信息的兴趣。此外,研究显示,中国的气候传播框架在涉及应对行为的内容时,往往侧重于宏观目标和国际视角,如"力争实现""争取实现""实现碳中和""碳中和目标""全球""世界""国际""合作"等表述频繁出现(苗兴伟和刘波,2023)。这种传播策略可能无意中淡化了个体行为的重要性,使得公众难以认识到个人减排行为在达成国家气候目标中的关键作用。基于以上讨论,本研究提出以下假设。

假设2a:在气候传播影响下,相较于气候减缓行为信息,中国公众更加关注气候适应行为信息。

假设2b：在气候适应行为信息范畴内，气候传播对中国公众关注高温适应行为信息的影响将超过对非高温适应行为信息的影响。

3）气候传播频次的影响

第三步分析是对前两步分析的深入扩展，旨在探讨气候传播频率对公众认知和行为的影响。改变公众固有的认知模式和行为习惯是一项长期且艰巨的任务。政府和气候科学家通常依赖于重复传播内容相似的信息，以期说服公众接受他们的观点和结论。但我们认为，若传播过程中忽视了受众的信息处理机制，频繁的气候传播可能会产生事与愿违的效果。

在这个信息泛滥的时代，公众每日都被信息洪流包围。依据信息过载理论，频繁的负面信息传播不仅可能激起心理上的抵触和反感，还可能过度消耗公众有限的注意力资源，使公众产生信息过载的感觉。这种感觉可能会驱使公众减少对这些负面信息的接触，以便更有效地聚焦于其他更具价值或更引人入胜的内容（胡赛全等，2024）。因此，在异常气候现象频发的情况下，媒体和社交平台上不断涌现相似的气候变化和全球负面报道，这种连续的负面信息轰炸可能会逐渐削弱气候传播在提升公众对气候变化知识关注度方面的效力。

在前两步分析中，我们预测中国公众在气候传播的影响下，倾向于将复杂的气候风险简化为高温风险，进而寻求适应行为的信息，以应对潜在的气候威胁。一旦适应行为信息满足了人们的实际需求，根据积极的适应信息收益反馈，公众对这类信息的偏好程度将得到增强（Rogers，1975）。因此，当关于气候变化和全球变暖的负面新闻再次成为焦点时，公众将基于过往的经验和偏好，更加主动地搜寻有关适应措施的信息。基于以上分析，我们提出以下研究假设。

假设3a：随着气候传播频次的增加，气候传播对气候变化知识关注度的影响会逐渐减小。

假设3b：随着气候传播频次的增加，气候传播对气候适应行为信息关注度的影响会逐渐增加。

4.3 变量测度与实证模型

4.3.1 变量测度

为检验本章针对中国公众在气候传播信息处理逻辑方面的3组假设，我们需构建3个核心变量：一是气候传播本身，二是气候传播的频次，三是公众对各类气候变化信息的关注度。

1) 气候传播

本研究采用中国内地 329 个城市在研究样本期间（2011~2020 年）的日最高气温与 1981~2010 年的日最高气温平均值的差值（以下简称"气温偏离度"）来衡量气候传播的影响。气温偏离度之所以能够反映气候传播的影响，是因为其与气候传播活跃度之间的高度相关性。例如，在 2022 年夏季，中国长江中下游及川渝地区的多个城市气温刷新了历史纪录；而在 2023 年 6 月，北京自 1951 年南郊观象台建立以来，首次经历了连续两日超过 40℃ 的极端高温。这些创纪录的异常气温事件不仅激增了媒体报道的数量，还促使政府和专家频繁发布高温警报和健康指南。覃哲与郑权（2020）、Hyde 和 Albarracín（2023）等研究者通过严谨的文本分析证实了气候报道与异常气温事件之间的紧密联系。因此，伴随极端高温现象的出现而密集传播的气候变化和全球变暖相关信息为我们从气候传播的角度理解气温偏离度的影响提供了独到的视角。

2) 气候传播的频次

鉴于媒体、政府及科学界常常利用气温偏离历史记录的事件来推动气候传播，一种顺理成章的方法便是采用近期气温偏离历史记录事件的发生频率来量化气候传播的频次。具体来说，我们统计了在研究样本期间各城市一年中气温偏离度超过 5℃ 的异常气温事件的发生天数，以此来衡量气候传播的频次。

在本研究中，用于构建气候传播及其频次的 1981~2020 年城市级别日最高气温数据，以及实证分析中控制的其他天气变量（包括相对湿度、日降水量、日光照时长、海平面气压和风速）均源自中国气象数据服务中心提供的 337 个近地面气象站点的日度天气数据。为了将气象站点级别的日度天气数据转换为城市级别的日度数据，我们采用了反向距离加权法（Schlenker and Walker, 2016）。这种方法有效地将站点数据映射至城市尺度，确保了研究的精确性和可靠性。

3) 公众对各类气候变化信息的关注度

为了衡量公众对 329 个城市在 2011~2020 年每日气候变化议题的关注度，我们从百度网站提取了相关的关键词搜索指数。百度作为中国最大的搜索引擎，其搜索指数揭示了公众自发的搜索行为，能够精确地捕捉到在气候传播影响下，哪些气候变化信息迅速吸引了公众的注意和兴趣（Scheitle, 2011）。

此外，利用百度指数的需求图谱功能，筛选出了气候变化知识、适应和减缓行为类别中搜索热度位列前十的关键词（表 4-1）。这些关键词不但丰富多样，而且具有代表性，为验证本章关于气候变化知识、适应和减缓行为，以及不同关键词信息关注度的影响提供了丰富的数据支持。这些数据极大地助力了我们深入理解公众在气候变化传播过程中的信息处理逻辑。

表 4-1 气候变化议题关键词

气候变化议题	关键词
知识	全球变暖、气候变化、温室效应、温室气体、全球气候变暖、厄尔尼诺、海平面上升、冰川融化、酸雨、臭氧层空洞
适应行为	空调、电风扇、防暑降温、避暑胜地、除湿机、穿衣指数、天气预警、实时天气、应急包、应急物资
减缓行为	低碳生活、节能降耗、节约用电、节约用水、节能减排、绿色出行、废物利用、垃圾分类、素食主义、小排量汽车

4.3.2 面板固定效应模型

1) 气候传播对气候变化知识关注度的影响

构建如式 (4-1) ~ 式 (4-4) 所示的面板固定效应回归模型, 以验证假设 1。相较于气候变化成因、长期气候风险信息, 气候传播对中国公众对气候变化系统性知识关注度的影响更大。模型中的下标 i 代表城市, t 代表日历日。

$$\ln \text{know}_{it} = \beta_0 + \beta_1 \text{tanomaly}_{it} + \beta_2 \text{tanomaly}_{it}^2 + \text{weather}_{it} + \delta_{\text{date}} + \gamma_{\text{city\#year\#month}} + \varepsilon_{it} \quad (4\text{-}1)$$

$$\ln \text{know1}_{it} = \beta_0 + \beta_1 \text{tanomaly}_{it} + \beta_2 \text{tanomaly}_{it}^2 + \text{weather}_{it} + \delta_{\text{date}} + \gamma_{\text{city\#year\#month}} + \varepsilon_{it} \quad (4\text{-}2)$$

$$\ln \text{know2}_{it} = \beta_0 + \beta_1 \text{tanomaly}_{it} + \beta_2 \text{tanomaly}_{it}^2 + \text{weather}_{it} + \delta_{\text{date}} + \gamma_{\text{city\#year\#month}} + \varepsilon_{it} \quad (4\text{-}3)$$

$$\ln \text{know3}_{it} = \beta_0 + \beta_1 \text{tanomaly}_{it} + \beta_2 \text{tanomaly}_{it}^2 + \text{weather}_{it} + \delta_{\text{date}} + \gamma_{\text{city\#year\#month}} + \varepsilon_{it} \quad (4\text{-}4)$$

式 (4-1) ~ 式 (4-4) 仅在被解释变量上有所差异, 其余变量均完全相同。具体而言, 式 (4-1) 的被解释变量 $\ln \text{know}_{it}$ 为表 4-1 中 10 个气候变化知识关键词百度指数之和的自然对数, 这一指标的回归结果反映了气候传播在整体上对气候变化认知的影响。式 (4-2) ~ 式 (4-4) 则正式用于验证假设 1。其中, know1 表示在现有气候传播中出现频率最多的气候变化知识关键词——"气候变化""全球变暖""全球气候变暖"的百度指数总和; know2 涵盖了"温室效应""温室气体""海平面上升""冰川融化"等表征气候变化成因和长期气候风险的关键词 (IPCC, 2023); 而 know3 则包含"厄尔尼诺""酸雨""臭氧层空洞"等不在主流气候传播框架内的关键词。

核心解释变量 tanomaly_{it} 表示气温偏离度, tanomaly_{it}^2 表示气温偏离度平方项, 用于揭示气温偏离度与公众气候变化议题知识关注度之间可能存在的非线性关系。weather_{it} 是一组天气控制变量及其平方项的集合, 包括降水量、日照小时数、平均风速、相对湿度、平均气压。δ_{date} 为日历日固定效应, 用于控制不随城市变化的时间层面的不可观测因素对气候变化议题关注度的影响。$\gamma_{\text{city\#year\#month}}$ 表示城市-年-月交互固定效应,用于控制城市层面随时间变化的不可观测因素的影响,如城市的互联网发展情况、经济发展水平等,这些因素也会影响公众对气候变化认知关键词的网络搜索行为。ε_{it} 为随机扰动项。

依据模型设定,倘若气温偏离度对 know1 的影响显著超过对 know2 和 know3 的影响,则可以推断中国的气候传播策略在引导公众关注与之密切相关的气候变化知识信息方面发挥了决定性作用,进而为假设 1 的成立提供了支持。

2) 气候传播对气候变化行动信息关注度的影响

构建如式(4-5)~式(4-8)所示的面板固定效应模型,以验证假设 2a 和假设 2b。

$$\ln \text{adapt}_{it} = \beta_0 + \beta_1 \text{tanomaly}_{it} + \beta_2 \text{tanomaly}_{it}^2 + \text{weather}_{it} + \delta_{\text{date}} + \gamma_{\text{city\#year\#month}} + \varepsilon_{it} \quad (4\text{-}5)$$

$$\ln \text{miti}_{it} = \beta_0 + \beta_1 \text{tanomaly}_{it} + \beta_2 \text{tanomaly}_{it}^2 + \text{weather}_{it} + \delta_{\text{date}} + \gamma_{\text{city\#year\#month}} + \varepsilon_{it} \quad (4\text{-}6)$$

$$\ln \text{adapt1}_{it} = \beta_0 + \beta_1 \text{tanomaly}_{it} + \beta_2 \text{tanomaly}_{it}^2 + \text{weather}_{it} + \delta_{\text{date}} + \gamma_{\text{city\#year\#month}} + \varepsilon_{it} \quad (4\text{-}7)$$

$$\ln \text{adapt2}_{it} = \beta_0 + \beta_1 \text{tanomaly}_{it} + \beta_2 \text{tanomaly}_{it}^2 + \text{weather}_{it} + \delta_{\text{date}} + \gamma_{\text{city\#year\#month}} + \varepsilon_{it} \quad (4\text{-}8)$$

式(4-5)和式(4-6)的被解释变量分别为表 4-1 中的气候变化适应行为(adapt)和减缓行为(miti)关键词百度指数的自然对数。如果气温偏离度对气候变化适应行为(adapt)关注度的影响大于对减缓行为(miti)关注度的影响,研究假设 2a(相较于气候减缓行为信息,气候传播更能提升中国公众对气候适应行为信息的关注度)得证。为了验证假设 2b(在适应行为信息中,气候传播对高温适应行为信息关注度的影响显著高于气候传播对非高温适应行为信息关注度的影响),我们进一步将适应行为中的 10 个关键词分为两类:第一类包括"空调""电风扇""防暑降温""避暑胜地"等能够直接降低高温风险的关键词,记作 adapt1;第二类包括"除湿机""穿衣指数""天气预警""实时天气""应急包""应急物资"等与高温风险无直接关联的适应行为关键词,记作 adapt2。如式(4-7)和式(4-8)所示,通过比较气候传播对高温和非高温适应行为关键词百度指数的影响,我们能够有效地检验研究假设 2b。

3) 气候传播频次的影响

构建如式(4-9)和式(4-10)所示的实证模型,用以验证假设 3a 和假设 3b。

$$\begin{aligned}\ln \text{know}_{it} = &\beta_0 + \beta_1 \text{tanomaly}_{it} + \beta_2 \text{tanomaly}_{it}^2 \\ &+ \beta_3 \text{tanomaly}_{it} \times D_{it, \geq 5\text{℃}} + \text{weather}_{it} \\ &+ \delta_{\text{date}} + \gamma_{\text{city\#year\#month}} + \varepsilon_{it}\end{aligned} \quad (4\text{-}9)$$

$$\begin{aligned}\ln \text{adapt}_{it} = &\beta_0 + \beta_1 \text{tanomaly}_{it} + \beta_2 \text{tanomaly}_{it}^2 \\ &+ \beta_3 \text{tanomaly}_{it} \times D_{it, \geq 5\text{℃}} + \text{weather}_{it} \\ &+ \delta_{\text{date}} + \gamma_{\text{city\#year\#month}} + \varepsilon_{it}\end{aligned} \quad (4\text{-}10)$$

式中，$D_{it, \geq 5℃}$ 表示城市 i 在日期 t 的最近一年内经历的气温偏离度大于或等于 5℃ 的天数，测度气候传播的频率。其余变量的含义与前述模型相同。此时，回归系数 β_3 的经济学含义如下：过去 1 年，气温偏离度大于或等于 5℃ 的天气每增加一天，气温偏离度对气候变化议题关注度的影响增加 $(\beta_3 \times 100)\%$。具体到假设检验，如果在式（4-9）中，β_3 小于 0，表示气候传播信息频次的增加削弱了气候传播对公众气候变化知识关注度的影响，则假设 3a 得以验证。如果在式（4-10）中，β_3 大于 0，表明高频次的气候传播增加了公众对气候变化适应行为信息的关注度，则假设 3b 得以验证。

4.4 实证结果与讨论

4.4.1 气候传播对公众气候变化知识关注度的影响

表 4-2 报告了基于式（4-1）~式（4-4）的气温偏离度对气候变化知识关键词百度指数的回归结果。

表 4-2 气温偏离度对气候变化知识关注度的影响

变量	（1）气候变化知识 ln know	（2）第一类气候变化知识 ln know1	（3）第二类气候变化知识 ln know2	（4）第三类气候变化知识 ln know3
气温偏离度平方项	0.0006***	0.0006***	0.0002***	0.0004***
	(0.0000)	(0.0000)	(0.0000)	(0.0000)
气温偏离度一次项	0.0017***	0.0024***	0.0010***	0.0002
	(0.0003)	(0.0004)	(0.0003)	(0.0003)
常数项	8.7383***	5.6129***	4.5562***	7.4015***
	(1.5241)	(1.6541)	(1.5710)	(1.5069)
样本量	609 088	272 189	342 941	465 025
调整后的 R^2	0.733	0.631	0.663	0.677

注：括号内为聚类到城市层面的聚类稳健标准误。所有回归模型均控制了相对湿度、降水量、日照小时数、平均气压和平均风速等天气变量，日期固定效应，城市–年–月固定效应。***、**、* 分别表示在 1%、5% 和 10% 的水平上显著

首先，观察列（1），其中被解释变量为 10 个气候变化知识关键词百度指数之和的自然对数。我们发现，气温偏离度平方项及其一次项的回归系数均为正，并且均在 1% 的显著性水平上显著。这一结果表明，气温偏离度与公众对气候变

化知识的关注度存在非线性关系。具体而言，随着气温偏离度的增加，公众对气候变化知识的关注程度显著提高。因此，总体来看，中国在气候传播领域的工作成效显著，有效地引导了公众关注气候变化相关知识，并在提升公众的气候意识方面取得了积极的进展。

进一步探讨表 4-2 中列（2）~列（4），我们注意到气温偏离度对各类关键词百度指数的影响表现出显著的不一致性。具体而言，气温偏离度对第一类关键词百度指数的影响最为显著，其次是第二类关键词，而对第三类关键词百度指数的影响则相对最弱。依据我们的分类标准，第一类关键词涵盖了气候变化、气候变暖、全球气候变暖等基础性气候变化系统概念，这些概念在我国关于气候变化的新闻报道和公众教育中被频繁提及。第二类关键词，如温室效应、温室气体、海平面上升、冰川融化等，揭示了气候变化的成因和长期气候风险，它们不仅是当前气候减缓行动紧迫性的主要驱动因素，还在现有研究成果中被普遍认为在激励个人采取低碳行动实践中扮演着关键角色（IPCC，2023）。相较之下，第三类关键词在我国气候传播中的出现频率较低，相应地，公众对此类关键词的关注度也处于最低水平。

综上所述，我们的研究结论凸显了特定的气候传播框架在塑造公众对气候变化知识的关注度方面的重要作用。虽然中国在全球变暖和气候变化等系统性概念的传播上取得了成功，引起了公众对这些议题的关注，但公众对气候变化背后原因和长期气候风险的理解却显得不够深入。因此，假设 1 得到了验证。

在缺乏对温室气体排放尤其是个人排放与气候变化之间关系的正确理解，以及对长期气候风险缺乏足够关注的情况下，公众的行为是否仍会倾向于采取旨在减少温室气体排放且收益在未来才能显现的减缓行动，仍是一个值得探讨的问题。接下来，我们将进一步分析气候传播如何影响公众对不同气候变化应对行为信息的关注度。

4.4.2 气候传播对公众气候行为信息关注度的影响

表 4-3 的列（1）和列（2）分别报告了气候变化减缓行为和适应行为关键词百度指数的自然对数为被解释变量的回归结果。结果显示，在气候传播的影响下，公众更倾向于关注能够快速缓解高温风险的适应行为，而非旨在降低温室气体排放、避免长期气候风险的个人减缓行为，从而验证了假设 2a 的合理性。表 4-3 的列（3）和列（4）详细报告了气候变化适应行为关键词分组后的回归结果。我们发现，气温偏离度对与应对高温风险直接相关的适应行为关键词百度指数的影响，远远超过了那些与高温无直接关联的适应行为关键词百度指数，假设

2b 得证。

表 4-3 气温偏离度对气候变化行为关注度的影响

变量	(1) 气候变化减缓行为 ln miti	(2) 气候变化适应行为 ln adapt	(3) 第一类气候变化适应行为 ln adapt1	(4) 第二类气候变化适应行为 ln adapt2
气温偏离度平方项	−0.0000 (0.0000)	0.0009*** (0.0000)	0.0007*** (0.0000)	0.0006*** (0.0000)
气温偏离度一次项	−0.0002 (0.0002)	0.0100*** (0.0003)	0.0120*** (0.0003)	0.0023*** (0.0004)
常数项	4.6098*** (1.1684)	2.7296 (1.8756)	3.7613** (1.7776)	2.3215 (2.0664)
样本量	781 370	841 635	773 109	488 855
调整后的 R^2	0.774	0.790	0.765	0.720

注：括号内为聚类到城市层面的聚类稳健标准误。所有回归模型均控制了相对湿度、降水量、日照小时数、平均气压和平均风速等天气变量，日期固定效应，城市-年-月固定效应。***、**、* 分别表示在1%、5% 和 10% 的水平上显著

4.4.3 气候传播频次的影响

表 4-4 展示了基于模型 (4-9) 和模型 (4-10) 的回归结果。列 (1) 中，我们关注的被解释变量是气候变化知识关键词百度指数的自然对数。分析结果表明，气温偏离度与其出现频次的交互作用项呈现出显著的负相关性，这意味着随着气温偏离频次增加，其偏离度对公众关注气候变化知识的推动效果逐渐降低，从而验证了假设 3a。

表 4-4 气温偏离频次的影响

变量	(1) 气候变化知识 ln know	(2) 气候变化适应行为 ln adapt
气温偏离度平方项	0.0008*** (0.0000)	0.0009*** (0.0000)
气温偏离度一次项	0.0037*** (0.0009)	0.0086*** (0.0013)

续表

变量	(1) 气候变化知识 ln know	(2) 气候变化适应行为 ln adapt
气温偏离度与其频次交互项	-0.0000 ***	0.0001 ***
	(0.0000)	(0.0000)
常数项	10.2383 ***	3.7215
	(2.0803)	(2.2615)
样本量	336276	452675
调整后的 R^2	0.786	0.800

注：括号内为聚类到城市层面的聚类稳健标准误。所有回归模型均控制了相对湿度、降水量、日照小时数、平均气压和平均风速等天气变量，日期固定效应，城市-年-月固定效应。***、**、*分别表示在1%、5%和10%的水平上显著

列（2）中，我们关注的被解释变量是气候变化适应行为关键词百度指数的自然对数。分析结果表明，气温偏离度与其出现频次的交互作用项呈现出显著的正相关性，这意味着随着气温偏离频次增加，其偏离度显著增强了公众对气候变化适应行为关注度的影响，从而验证了假设3b。

4.4.4 进一步讨论

在深入分析了气候传播对中国公众气候变化知识与气候应对行为信息关注度的影响之后，我们关于中国公众在气候传播信息处理逻辑方面的假设得到了实证支持：面对气候变化这一复杂议题，普通公众因专业知识匮乏和注意力资源有限，往往倾向于依赖那些频繁出现、易获取的信息线索来构建对气候变化议题的认知。在这种信息处理模式下，现有的气候传播框架侧重于系统性概念的阐述和国家层面的宏观应对，其虽然有效提升了中国公众对气候变化概念和国家气候战略的认知、理解与支持，但也导致了公众对个体减排行为认知的不足。

上述发现不仅为我们理解中国气候传播工作在促进需求侧减排行为方面的局限性提供了见解，还警示我们在解读当前公众气候变化认知调查结果时需保持谨慎。例如，中国社会科学院最新发布的《2024中国公众气候变化认知报告》指出，气候变化已成为中国社会关注的焦点，且大多数受访者表示能够准确理解中国"3060"双碳政策的含义。我们认识到，虽然中国民众对气候变化持有高度共识，并对政府气候行动表现出强烈支持，但这并不等同于公众会转化为实际行动，这是因为即便公众对气候变化概念和碳达峰碳中和政策表示熟知和支持，他们对个体减排行为在应对气候变化中的角色和重要性可能仍缺乏充分的认识。

4.5 结论与政策建议

应对气候变化的紧迫性不容忽视，除了在能源转型、交通电气化、推动节能减排等方面采取措施外，气候传播也是这场战役中不可或缺的一环。作为公众理解和认识气候变化问题的重要渠道，气候传播的设计应建立在对公众接收气候信息过程中处理机制的全面而深入理解的基础上。本章基于气温偏离与气候传播之间的高度相关性，将其视为气候传播的外部冲击因素，结合中国气候传播内容框架的特点，深入探讨了气候传播与公众对气候变化知识和行为信息关注度之间的联系，并据此总结了中国公众对气候传播信息的处理逻辑。

研究发现，当前以系统性气候变化和全球变暖概念为主导的气候传播框架虽然在塑造公众的气候变化知识和风险认知方面取得了一定成效，但同时限制了公众深入探索和全面理解气候变化与个体减排行为之间的联系。更为严峻的是，这种单一且固定的内容设计可能导致公众对重复且看似与自己无关的负面气候信息产生疲劳感和抵触，从而削弱气候传播的整体影响力。基于这些发现，我们提出以下政策建议。

第一，应优化气候传播框架的设计，增强信息的逻辑性和完整性，明确气候变化风险的范围、原因、应对行为与个体之间的联系，缩小公众对个体减排行为的心理距离。现有的气候传播实践往往侧重于知识的系统性和语言的通俗性，通俗易懂的语言确实降低了公众处理复杂气候变化信息的难度，使得气候变化、全球变暖、碳中和等概念深入人心（王彬彬，2020）。然而，公众在处理气候传播信息时的机制表明，这样的传播框架难以有效推动低碳行为的实践。因此，在需求侧减排行动的重要性日益凸显的情况下，气候传播内容框架也需相应调整，从主要提升公众对气候变化问题和政策应对的认知，扩展至激励个人和家庭采取低碳行为的设计。

第二，可以横向拓宽公众的视角，将气候变化与身心健康、粮食安全、生活环境、城市安全、空气污染等公众较为关心的议题联系起来，让他们能够从更全面的视角认识到气候变化与个人发展的紧密联系。另外，纵向加深气候变化与个体行为之间的联系认知，在通过系统性的概念和宏观应对凸显气候问题的科学性和重要性之外，强化二氧化碳排放来源、气候变化发生过程、气候变化应对与个体日常行为之间的连接感知，让公众一目了然，能够迅速理解自身在气候变化应对中的主体性位置，从而激发内在的减排动力。

第三，建立动态的气候传播框架。我们发现重复传播一成不变的气候信息可能会导致气候传播对公众气候变化知识关注度的影响力边际递减。对此，政策制定者可以考虑从以下两方面建立动态的气候传播机制：在传播方式上，适应时代发展趋势，整合大数据、短视频、VR虚拟等手段，在传统的传播媒介之外，以更加符合大众信息获取习惯的方式提升气候传播的影响力；在内容上，深入挖掘气候变化的新故事，如差异化展示气候变化对不同地区、特定群体的影响，以及动态化呈现气候变化对当下生活的具体影响。通过以上两种方式，可以在空间和时间两个维度上降低气候传播内容的重复性，避免公众对重复或相似信息的反感和抗拒。

第 5 章 气温变化和家庭用水

5.1 研究背景

随着全球变暖加剧，极端气候事件如高温热浪频繁发生，正逐渐上升成为影响人类生活的重要因素。在此形势下，居民对空调与电风扇的制冷需求，以及高温时洗澡、洗衣活动的增加，构成了两种显著的适应性行为（Zhang and Adom，2018；Salvo，2018）。随着制冷需求的不断上升，家庭用电量呈现出激增态势；同时，频繁的洗涤活动导致了家庭用水量的增加。在电力需求增加直接关联到能源消费的背景下，众多学者已经对气温变化如何影响家庭电力消耗进行了广泛而深入的研究（段海来和千怀遂，2009；Li et al.，2019；Pavanello et al.，2021；Zhang et al.，2022）。然而，关于室内用水量变化与气温之间关系的研究则相对较少。实际上，深入研究气温变化与家庭用水之间的关系对协同推进应对气候变化的策略、实现气候政策的既定目标具有不可忽视的理论价值与现实意义。

首先，水资源在推动气候变化治理进程中扮演着至关重要的战略角色，它不仅可以减缓日益加剧的气候变化风险，还能够降低极端气候事件所带来的负面影响。例如，在能源领域，无论是发展水力发电、核能发电，还是发展可再生能源发电，都离不开充足的水资源（Wu and Chen，2017；Chen and Wemhoff，2022）。在农业部门，改善水利设施和灌溉系统是帮助农业应对气候变化的重要适应手段（Wang et al.，2024）。然而，随着气候变化的加剧和水资源需求的不断增长，水资源短缺已经成为限制中国经济社会发展和实现气候变化目标的主要障碍。中国作为水资源短缺最严重、最脆弱的国家之一，其淡水资源仅占全球总量的7%（Piao et al.，2010），人均水资源量仅为2200m^3，约为世界平均的1/4（丁绪辉等，2018）。因此，如何应对水资源短缺问题理应是中国气候政策组合中的核心组成部分。

其次，深入探究家庭用水的驱动因素，从而获得可靠的需求预测，是中国在协同应对水资源短缺和气候变化挑战中的紧迫需求。随着经济收入的提升和生活方式的转变，中国居民的用水量显著增加，家庭已经成为城市用水结构中的主导部门。如图5-1所示，2007~2022年，中国城市用水量的变化趋势表明，虽然城市总用水量呈现出缓慢增长的态势，但居民家庭用水量却呈现出迅猛增长的趋势，年均增长率高达4.34%，这一增速不仅超过了总用水量的增速，还远超其他各类用水量的增速。截至2022年，中国城市居民家庭用水量占城市总用水量的比例高达51.45%，超过了其他三类用水量。

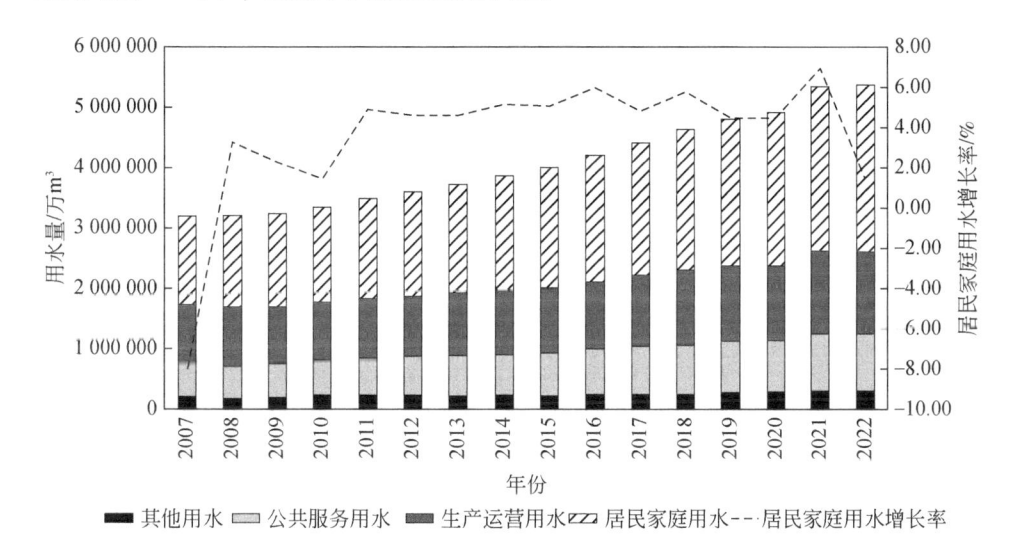

图5-1 2007~2022年全国城市用水总量变化趋势
资料来源：历年中国城市建设统计年鉴

最后，在众多影响家庭用水量的因素中，气温作为气候变化加剧背景下的关键因素，值得我们高度关注。全球气候变化背景下，极端高温天气的频繁出现增加了水资源的开发利用难度。居民为了适应高温，更频繁地洗澡、洗衣以寻求清凉，这种用水行为的改变在给居民带来舒适的同时，也不断提高了水资源的需求，进一步激化了水资源供需之间的矛盾。

在此背景下，量化气温变化对家庭用水的影响，深入了解家庭用水行为的动因，对于政策制定者提前规划水资源供应、合理引导居民节约用水具有至关重要的意义。从空间维度来看，中国各地区的气候和经济条件差异可能导致家庭用水行为对气温变化的响应存在显著的地区异质性。例如，在湿润地区，由于较高的湿度降低了人体通过排汗降温的能力，居民对热风险的感知能力可能更高，从而放大了气温对家庭用水需求的影响。此外，低收入群体由于经济限制，无法通过使用空调等手段有效应对高温，因此相较于高收入群体，低收入群体的用水量对气温变化的敏感程度更高。从时间维度来看，考虑到水利基础设施的投资规划是一项长期工作，家庭在长期内更有可能形成增加用水以应对气温上升的习惯，从而调整其用水行为，这意味着气温变化对家庭用水的影响可能会随着时间的推移而发生变化。因此，有必要深入研究家庭用水行为在长期内可能发生的调整，以便为长期水资源管理和政策制定提供科学依据。

综上所述，本章将利用我国 10 个省（自治区、直辖市）在 2010～2019 年的家庭层面日度用水数据，以及区县一级的日度天气数据，开展以下研究工作：首先，本章利用双向固定效应模型，准确估计气温变化对家庭用水量的短期影响；其次，从空间维度上详细探讨相对湿度和收入水平如何调节气温与家庭用水量之间的关系，从而在空间层面上全面地揭示气温变化对我国家庭用水量短期影响的区域异质性；最后，从时间维度上通过对原始面板数据进行时段分割以及对不同时段逐次回归，深入分析家庭用水量对气温变化的响应随时间变化的情况，并探讨居民水资源偏好的长期变化趋势。

5.2 文献回顾：气温变化对家庭电力消费与用水的影响

与本章相关的文献聚焦于气温变化对家庭常见两种适应行为的影响研究：一是气温变化对家庭电力消费的影响，二是气温变化对家庭用水的影响。

5.2.1 气温变化对家庭电力消费的影响

在应对气温变化的过程中，制冷与采暖需求无疑是居民适应性措施中的关键环节。这一现象引发的电力消费与气温波动之间的关联已经成为学术界广泛探讨的课题。众多研究普遍揭示了一个显著的"U"形关联模式：无论是气温过高还是过低，居民的电力消费都会随之增加。在炎热的季节，家庭对空调、电风扇等制冷设备的使用频率与时长显著增加；而在寒冷的气候下，取暖设备的使用成为电力消耗增长的主要因素。例如，在国外的研究中，Moral-Carcedo 和 Vicéns-Otero（2005）、Bessec 和 Fouquau（2008）、Gupta（2016）基于城市或电力公司的长期家庭电力消费数据，证实了气温变化与电力需求之间的"U"形关系。在中国，众多文献如郑艳等（2006）、段海来和千怀遂（2009）的研究同样基于时间序列数据分析得出，冬季和夏季是家庭电力消耗的两大高峰期。

近年来，得益于家庭层面用电量高频面板数据的日益丰富和可获得性，学术界得以采用这些数据更精确地分析气温变化对家庭用电量的影响。例如，Doremus 等（2022）利用 2004～2018 年美国家庭的微观数据，深入探讨了气温波动对家庭电力消费的影响。研究结果揭示了一个有趣的现象：当气温低于-5℃的天气每增加一天，高收入家庭的月均电力消费支出将增长 1.2%，而对于低收入家庭，仅增长0.5%；另外，当气温超过30℃的高温天气每增加一天时，高收入家庭的用电量会增加0.5%，而低收入家庭的用电量则没有显著变化。在中国，Li等（2019）利用2014~2016年上海浦东新区80万户家庭的日常用电量数据和相应的气象数据，建立了温度-电力响应函数，同样发现了"U"形函数关系的存在；Zhang等（2022）采用2012~2014年中国家庭能源消费调查数据和气象观测数据，分析了气温变化对中国家庭住宅用电量的影响。研究发现，气温高于32℃的高温天气每增加一天，中国家庭的平均用电量将增加8.9%；而气温低于12℃的低温天气每增加一天，也会显著提升家庭的电力消耗。

5.2.2　气温变化对家庭用水的影响

根据所用的数据类型，目前关于气温变化对家庭用水影响的研究主要分为两大类：第一类着眼于分析气温变化对特定区域家庭生活用水量的影响；而第二类则基于微观家庭数据，探讨气温变化如何作用于家庭用水行为。尽管研究方法和数据来源各有差异，但现有研究在结论上较为一致：与气温与家庭电力消费之间呈现的"U"形关系不同，家庭用水量随着气温的升高呈现出单调递增的趋势。

第一类文献主要基于地区或水利公司层面生活用水的高频（如每日或每月）时间序列数据来量化气温变化对特定区域内家庭生活用水量的总体影响。例如，Praskievicz和Chang（2009）采用了韩国首尔2002~2007年日度和月度城市生活用水数据，分析了气温、日照时长、风速等天气因素对城市居民生活用水量的影响，结果显示气温升高显著增加了城市生活用水量。Breyer和Chang（2014）估计了气温变化对美国两家水利公司日生活供水量的影响。研究发现，夏季平均气温每升高1℃，居民生活用水量会增加3倍。根据我们所掌握的文献资料，目前基于中国背景的此类研究相对较少。然而，已有研究也得出了与上述研究相似的结论。例如，Fan等（2017）基于中国286个城市2000~2015年的人均用水量数据与天气变量数据进行了分析，研究结果显示样本城市的人均每日用水量随着气温的上升而呈现出增加趋势。

第二类文献主要利用家庭层面的用水数据，分析气温变化对家庭用水量的具体影响。早期的研究主要依赖于截面调查数据，分析气温变化如何影响家庭自我报告的用水量。例如，Guhathakurta和Gober（2007）基于美国菲尼克斯市的家庭截面调查数据，发现月最低气温每增加1℉[①]，一个典型单人户家庭的月度用

[①]　x℃换算为$\left(\frac{9}{5}x+32\right)$℉。

水量平均增加 290gal[①]。Grafton 等（2011）使用来自 10 个经济合作与发展组织国家的家庭调查截面数据，也得到了类似的结论：夏季平均气温每增加 1℃，家庭年度用水量增加 2.3%。然而，由于截面调查数据无法控制个体层面随时间变化的不可观测因素，因此难以准确估计气温对家庭用水量的纯粹影响。

近年来，随着智能水表的普及和用水数据记录的精细化，研究者开始采用家庭层面的面板数据分析气温对家庭用水量的影响，这种方法能够更好地控制个体差异和时间变化。例如，Salvo（2018）利用新加坡公寓住户的水费和电费账单面板数据，分析了气温变化对公寓住户月度用水量的影响。研究结果显示，气温每上升 1℃，家庭的月度平均用水量增加 0.5%~1.5%。

以上这些研究，较为系统和全面地讨论了气温变化对家庭用电和用水两种典型适应行为的影响。电力消费作为能源需求的关键组成部分，在国内外学术界得到了广泛而深入的研究。然而，与电力消费相比，用水作为居民应对气候变化的另一种重要适应行为，其相关研究却相对不足。具体来说，现有关于气温变化对家庭用水影响的研究还存在以下拓展和分析的空间。

首先，精准识别气温变化对中国家庭用水量的影响是政策制定者在进行水资源需求预测时的关键需求。这一任务的核心挑战在于，需要从众多混杂因素中精确分离出气温变化对用水量的具体影响。目前，基于中国背景的研究较少，并且大多采用城市层面的数据进行分析，这些研究由于无法控制家庭层面的不可观测因素，因此可能无法提供气温变化与家庭用水量关系的最优估计。此外，虽然基于家庭级别面板数据的研究在国外有所开展，但这些研究结果可能无法直接适用于中国的国情。中国的家庭在生活习惯、水资源使用效率和节水意识等方面与国外家庭存在显著差异，因此需要针对中国特有的社会文化和经济条件进行专门的研究。

其次，受限于样本数据的范围，现有关于气温变化对家庭用水量影响的研究往往集中在特定城市或地区，缺乏更为广泛和深入的异质性分析。对于中国这样地理气候和经济条件千差万别的大国来说，这种全面的异质性分析显得尤为重要。例如，Zhang 等（2023）发现湿润的空气会加剧城市高温风险，这可能会进一步放大气温对家庭用水需求的影响。Doremus 等（2022）的研究显示，高于 30℃的高温天气每增加一天，高收入家庭的用电量增加 0.5%，而低收入家庭的用电量无显著变化。这一现象可能是因为低收入家庭由于经济限制，无法像高收入家庭那样频繁使用空调等电器来缓解高温，因此他们只能通过增加洗澡、洗衣等用水行为来应对气温的变化。这些研究结果提示政策制定者需要关注家庭用水

---

① 1gal = 3.785 43L。

适应行为在不同收入群体中的差异，以便制定更加精细化和有针对性的政策措施。

最后，现有研究集中在气温变化对家庭用水量的短期影响上，而关于气温变化对家庭用水长期影响的研究则相对较少。然而，水资源管理是一个涉及长期动态调整的过程，仅仅基于短期需求估计来制定用水规划显然是不切实际的。在长期内，家庭可能会因为对气候变化风险意识的提高以及适应习惯的形成而调整其用水行为，这可能导致气温变化对家庭用水的影响随时间的推移而发生变化。例如，虽然家庭用水对气温变化的响应可能由于既有的生活习惯而相对有限，但随着气候变化的持续和加剧，家庭可能会逐渐适应并形成新的用水习惯来应对高温。随着时间推移，这些新习惯可能会表现为用水量的显著增加，反映出人们对气候变化影响的逐步适应和对策调整。因此，理解这种动态变化对于制定长期和适应性水资源管理策略至关重要。鉴于此，本章旨在充分吸收和借鉴已有文献的基础上，做以下几方面的探索，以进一步丰富中国个人和家庭气候变化适应行动领域的研究。

首先，本章将利用独有的家庭日度用水数据和城市日度天气数据，将面板固定效应模型作为基准模型，以更加严谨的方法识别气温变化对家庭用水的短期影响。通过这种方法，我们可以控制家庭层面的不可观测因素，从而提供更为准确的估计结果。其次，本章将全样本按照地区相对湿度和居民收入水平进行分组回归，以探讨气温对中国家庭用水影响的异质性，这种分析有助于揭示不同地区和不同收入水平的家庭在应对气温变化时的用水行为差异，为政策制定者提供更加精细化的政策建议。最后，本章基于长差分模型的思想，将原始面板数据均分为两段时期的样本，分别进行面板固定效应回归，以探讨气温对中国家庭用水行为影响的时间演变趋势，这种方法可以帮助我们理解家庭用水行为在长期内如何响应气温变化，为政策制定者提供关于水资源管理的长期视角和策略。

5.3 数据介绍与实证模型

5.3.1 智能水表数据与天气数据

本章的数据主要依托于国内一家领先智能水表安装公司所提供的翔实的智能水表数据，以及中国气象数据服务中心所提供的全面站点天气数据。

1）家庭智能水表数据

为了尽可能精确地分离出气温因素对家庭用水量的影响，并排除其他潜在因素的干扰,本研究收集了国内一家知名智能水表安装公司的详尽家庭用水数据。这些数据覆盖了2010年1月1日~2019年5月20日中国南方10个省(自治区、直辖市)中41 690个城镇家庭的日度用水高频信息,由此,本章构建了一个独特的非平衡面板数据集。样本所涉及的家庭的住宅模式均为公寓式住宅,数据集包括了住户水表号、日度用水量以及住户所在小区的信息。近年来高频数据因其庞大的样本容量和精细的样本单位在微观实证研究领域得到了广泛的应用,为本研究的精确估计提供了坚实的数据基础。为了确保数据的质量和可靠性,我们对原始数据进行了严格的清洗,排除了以下样本:①一年内超过60天用水记录为0m³的家庭,以排除长期空置或数据记录异常的住宅;②日度平均用水量低于0.2m³或超过0.8m³的异常值样本,以消除可能的测量误差或极端用水行为的影响。

2) 天气数据

第二个使用的主要数据集来源于中国气象数据服务中心提供的2010~2019年337个近地面天气站点的日度天气数据。参考Currie和Neidell(2005)、Deschenes和Greenstone(2007)、Schlenker和Walker(2016)的反向距离加权法,我们将日度天气站点数据匹配到每个家庭所在区县的日度天气数据。

5.3.2 面板固定效应模型:气温对家庭用水的短期影响

1) 气温变化对家庭用水的短期影响

首先,为估计气温变化对家庭用水量的短期影响(Hsiang et al., 2017),设定如式(5-1)所示的面板固定效应模型:

$$y_{ijt} = \alpha + \gamma_1 \text{tem}_{jt}^2 + \gamma_2 \text{tem}_{jt} + W_{jt}\beta + \delta_{ij} \cdot \text{year}_t + \theta_t + \varepsilon_{ijt} \tag{5-1}$$

式中,下标i代表家庭;下标j代表家庭所在区县;下标t代表日历日。被解释变量为家庭日度用水量(y_{ijt})。核心解释变量tem_{jt}代表区县j在日期t的平均气温。模型(5-1)进一步加入了平均气温的平方项tem_{jt}^2,用于识别气温与家庭用水量之间可能的非线性关系。在模型(5-1)中,如果γ_1和γ_2均在统计学意义上显著,则认为气温与家庭用水量之间存在非线性的关系,气温对家庭用水量的边际影响为($2\gamma_1\text{tem}_{it}+\gamma_2$)。$W_{jt}$代表一组可能影响家庭用水量的天气控制变量及其平方项,包括区县j在日期t的降水量、相对湿度、日照小时数以及平均气压。考虑到家庭用水量需求在节假日、夏季月份、周末等具有特定的模式,我们在模型中加入了一组灵活的日历日期固定效应θ_t,用于控制任何与家庭用水量相关的时间或季节趋势。此外,模型(5-1)还包含家庭与年份的交互固定效应($\delta_{ij} \cdot \text{year}_t$),用以控制随年份而变化的家庭层面的不可观测因素,如家庭收入、小区水价变化等。最后，ε_{ijt}是随机扰动项。

2) 气温变化对家庭用水影响的地区异质性

考虑到中国各地区在气候和经济条件上存在较大差异，本章将以模型（5-1）为基础进行两组异质性分析。

高温风险不仅受到气温的影响，还与相对湿度具有一定的关系，这是因为在气候较为干燥的情况下，人体可以通过出汗实现降温的效果。然而，在相对湿度水平较高的情况下，水分会停留在皮肤上，降低人体排汗效率，从而加剧高温风险（Zhang et al., 2023）。因此，我们可以合理推测相对湿度会放大气温变化对家庭用水量需求的影响，即在相同气温条件下，相对湿度更高的地区由于热风险感知能力更高，家庭用水量会更大。因此，本章进行的第一组异质性分析如下：根据家庭所在区县的相对湿度进行分组，将相对湿度低于或等于样本中位数的区县划分为相对湿度较低的地区，反之为相对湿度较高的地区，并对模型（5-1）进行分组回归，从而比较气温对家庭用水量的影响在不同相对湿度环境下的差异。

公众适应高温的两种主要方式包括增加制冷（使用空调、电风扇）和增加用水（洗澡、洗衣）。在中国这样的发展中国家，购买空调以应对气候变暖的决定在很大程度上取决于家庭的社会经济条件（Pavanello et al., 2021）。尽管增加制冷用电是缓解高温风险最有效的方式，但其较高的成本可能会阻碍经济条件较差的家庭采取这种措施，因此这些家庭只能通过增加洗澡、洗衣等活动来应对高温。相比之下，高收入家庭的空调拥有率和使用率更高，他们更倾向于使用空调来维持舒适度。因此，我们推测水作为一种适应高温的手段，适用于所有收入水平的家庭，但随着收入的增加，家庭更倾向于使用空调来应对高温，这可能导致用水对气温的敏感度降低。为了验证这一假设，我们根据家庭所在区县的城镇人均可支配收入进行分组，将城镇人均可支配收入低于或等于样本中位数的区县划分为收入较低组，反之则为收入较高组，并对模型（5-1）进行分组回归分析。通过这种方法，我们可以探究气温-用水适应反馈机制在不同收入家庭中的异质性，为政策制定者提供更精细化的策略建议。

5.3.3　长差分模型：气温对家庭用水的长期影响

根据模型（5-1）的回归结果计算得到的 $2\gamma_1 \text{tem}_{it} + \gamma_2$ 代表气温对家庭用水需求的直接或短期边际影响。但家庭用水行为，如同其他生活习惯，受到长期形成的思维习惯的影响。由于行为惯性的存在，气温对家庭用水的影响在初始阶段可能相对较小。然而，随着时间的推移，频繁经历高温热浪天气和用水量的持续增加可能会促使公众形成通过增加用水行为来适应高温风险的习惯（Cai et al.，2016；Ekoh et al.，2023），这种长期形成的适应行为可能会改变家庭用水对气温变化的敏感度。因此，为了深入理解气温变化对家庭用水行为的长期影响，并揭示其随时间的变化趋势，我们将进一步分析气温变化对家庭用水长期影响的演变规律。参考 Burke 和 Emerick（2016）的长差分模型，我们基于式（5-2）和式（5-3）所示的模型估计气温变化对家庭用水的长期影响。

$$y_{ijt}^1 = \alpha_1 + \gamma_1^1 \text{tem}_{jt1}^2 + \gamma_2^1 \text{tem}_{jt1} + W_{jt}^1 \beta_1 + \delta_{ij} \cdot \text{year}_t^1 + \theta_t^1 + \varepsilon_{ijt}^1 \quad (5-2)$$

$$y_{ijt}^2 = \alpha_2 + \gamma_1^2 \text{tem}_{jt2}^2 + \gamma_2^2 \text{tem}_{jt2} + W_{jt}^2 \beta_2 + \delta_{ij} \cdot \text{year}_t^2 + \theta_t^2 + \varepsilon_{ijt}^2 \quad (5-3)$$

具体而言，将 2010~2019 年的面板数据划分为时间上大致相等的两个子样本（2010~2014 年、2015~2019 年），然后基于模型（5-1）分别对上述两个子样本子进行分组回归。其中，式（5-2）的被解释变量 y_{ijt}^1 代表第一个子样本（2010~2014 年）的家庭日度用水量，tem_{jt1} 代表第一个样本的区县 j 在日期 t 的平均气温，W_{jt}^1 代表第一个样本的区县 j 的一组天气控制变量。$\delta_{ij} \cdot \text{year}_t^1$ 表示第一个样本的家庭 i 与年份的交互固定效应，θ_t^1 代表第一个样本的日期固定效应。同理地，y_{ijt}^2、$\gamma_2^2 \text{tem}_{jt2}$、$W_{jt}^2$、$\delta_{ij} \cdot \text{year}_t^2$、$\theta_t^2$ 分别代表第二个子样本（2015~2019 年）的家庭日度用水量、日度平均气温、天气控制变量、家庭-年度交互固定效应和日期固定效应。我们关注的回归系数是式（5-2）和式（5-3）中 γ_1^1、γ_2^1 和 γ_1^2、γ_2^2 的相对大小。如果气温变量的回归系数在式（5-2）和式（5-3）中发生了显著变化，表明随着时间的推移，相同的气温变化对家庭用水量的影响有所改变。

表 5-1 汇报了模型中主要变量的描述性统计结果。平均而言，样本观测值的日均气温为 19.563℃。样本家庭日度用水量的平均值为 0.451m³，相当于英国一个典型的四口之家（0.448/m³）、新加坡一个典型的三口之家（0.445m³）以及法国一个典型的三口之家的日度用水量（0.429m³）。通过对比国外城市居民的生活用水量，可以发现样本家庭的日度用水量与国际上许多发达国家的家庭用水量接近。

表 5-1 主要变量描述性统计

变量	符号	均值	标准差	最小值	最大值
日度用水量/m³	y	0.451	0.293	0.010	5.000
日均气温/℃	tem	19.563	7.291	−7.613	34.740
降水量/mm	pre	4.676	10.758	0.000	316.410
日照小时数/h	ssd	4.457	3.794	0.000	13.076
平均风速/(m/s)	win	2.000	1.032	0.016	11.604
相对湿度/%	rhu	78.663	10.453	19.039	99.974
平均气压/hPa	prs	992.910	14.614	887.767	1040.188

第 5 章 | 气温变化和家庭用水

图 5-2 显示了样本家庭月度用水量均值与月度平均气温的相关性。可以发现样本家庭的用水量需求对气温变化非常敏感，与气温变化之间存在明显的正相关关系。并且，随着气温上升，家庭用水量与气温之间的相关性增加。因此，可以认为气温变化特别是夏季高温时期气温变化是影响家庭用水量的一个关键因素。

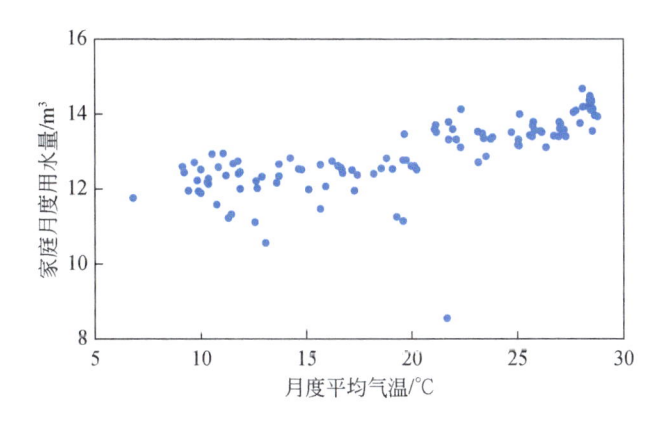

图 5-2 样本家庭月度用水量与月度平均气温的散点图

5.4 气温对家庭用水的短期影响

表 5-2 显示了模型（5-1）的回归结果。其中，列（1）仅控制天气变量和日期固定效应，列（2）在列（1）的基础上加入了家庭–年交互固定效应。比较这两列结果，我们可以看到日均气温一次项和二次项回归系数的方向及显著性水平无明显改变。然而，在加入家庭–年交互固定效应后，模型的调整拟合优度（调整后的 R^2）显著提高，表明列（2）模型拟合程度更好。具体来说，表 5-2 列（2）中，日均气温一次项和二次项的回归系数均显著为正，表明家庭日度用水量与日均气温变化关系呈现出"U"形曲线。通过计算可以发现"U"形曲线的拐点为 -15℃。然而，由于本研究样本的日均气温最小值为 -7.61℃。因此，我们可以认为家庭日度用水量与日均气温的关系位于"U"形曲线的右边，即家庭日度用水量随着日均气温的增加而单调递增。

为了更清晰地揭示日均气温对家庭日度用水量的具体影响，表 5-3 对表 5-2 列（2）中的回归系数进行了转换，展示了不同日均气温下，日均气温变化对家庭日度用水量的边际效应。从表 5-3 可以观察到，当日均气温为 5℃时，日均气温每升高 1℃，家庭日度用水量增加 0.0080m³。当日均气温升至 10℃时，日均气温每升高 1℃，家庭日度用水量增加 0.0100m³。以此类推，当日均气温达到 30℃时，日均气温每升高 1℃，家庭日度用水量将显著增加 0.0180m³。

表 5-2　气温对家庭用水量的短期影响回归结果

项目	家庭日度用水量	
	（1）	（2）
日均气温的二次项	0.000 0***	0.000 2***
	(0.000 0)	(0.000 0)
日均气温的一次项	0.007 5***	0.006 0***
	(0.000 3)	(0.000 2)
常数项	−0.831 0***	0.881 5***
	(0.077 3)	(0.077 2)
天气控制变量	控制	控制
日期固定效应	控制	控制
家庭–年固定效应	未控制	控制
样本量	27 587 432	27 587 432
调整后的 R^2	0.040	0.301

注：括号内的标准误聚类至家庭水平。* $p<0.1$，** $p<0.05$，*** $p<0.01$

表 5-3　气温对家庭用水量的短期边际影响

项目	短期边际影响
日均气温 5℃	0.0080***
日均气温 10℃	0.0100***
日均气温 15℃	0.0120***
日均气温 20℃	0.0140***
日均气温 25℃	0.0160***
日均气温 30℃	0.0180***

注：上述边际影响结果根据表 5-2 中列（2）的模型回归结果计算得到。* $p<0.1$，** $p<0.05$，*** $p<0.01$

这一分析不仅提供了气温与家庭用水量关系的直观理解，还强调了气温对家庭用水行为的显著影响，尤其在温度较高的情景下。与家庭用电需求所表现的"U"形温度响应函数（Li et al., 2019）不同，气温与家庭用水量之间的关系表现为斜率递增的单调递增函数。产生这种差异的原因是，在舒适的气温区间（如 15～25℃），人们可以通过排汗、饮水等自然方式调节体温，而不必依赖额外的制冷或取暖设备。因此，家庭用电需求在这一温度范围内相对稳定，只在气温超出这一舒适区间时，居民才会增加对制冷或取暖电器的使用，从而导致用电需求的"U"形变化。然而，家庭用水行为对气温的变化则表现出更高的敏感性。即便在人体感觉舒适的气温范围内，气温的微小波动也会引起家庭用水量的显著增加，这是因为随着气温的上升，居民更频繁地进行洗澡、洗衣等用水活动，以维持身体清洁和舒适，从而导致家庭用水量的持续增加。

5.5 气温对家庭用水短期影响的异质性分析

本节从区县相对湿度和城镇居民可支配收入水平两方面考察气温对家庭用水量短期影响的区域异质性。

1) 相对湿度异质性的影响

本研究依据样本区县在研究期内的相对湿度均值是否超过样本中位数，将各区县划分为相对湿度较低组和较高组两组，并对模型（5-1）进行了分组回归分析。表5-4的列（1）和列（2）展示了在不同相对湿度条件下，日均气温对家庭日度用水量的边际效应。

表5-4 气温变化对家庭用水量短期影响的异质性分析

项目	家庭日度用水量			
	相对湿度较低 (1)	相对湿度较高 (2)	收入较低 (3)	收入较高 (4)
日均气温5℃	0.004 8***	0.009 8***	0.005 3***	0.006 9***
日均气温10℃	0.005 8***	0.011 8***	0.007 3***	0.007 9***
日均气温15℃	0.006 8***	0.013 8***	0.009 3***	0.008 9***
日均气温20℃	0.007 8***	0.015 8***	0.011 3***	0.009 9***
日均气温25℃	0.008 8***	0.017 8***	0.013 3***	0.010 9***
日均气温30℃	0.009 8***	0.019 8***	0.015 3***	0.011 9***
天气控制变量	控制	控制	控制	控制
日期固定效应	控制	控制	控制	控制
家庭-年固定效应	控制	控制	控制	控制
样本量	13 913 596	13 673 836	14 062 589	13 524 843
调整后的 R^2	0.297	0.308	0.304	0.302

注：城镇人均可支配收入数据来自各区县所在省（自治区、直辖市）统计年鉴。括号内的标准误聚类至家庭水平。* $p<0.1$，** $p<0.05$，*** $p<0.01$

分析结果表明，空气湿度确实对气温与家庭用水量之间的关系产生了显著的影响，呈现出明显的异质性特征。在所有气温水平上，相对湿度较高的地区显示出更高的边际影响，即气温变化对家庭用水量的影响更为敏感。例如，当日均气温为5℃时，相对湿度较高区县的家庭日度用水量在日均气温每上升1℃时增加0.0098m³，约为相对湿度较低区县家庭日度用水量增幅的2倍。

以上研究结果揭示，在相同气温条件下，空气湿度较大的地区的家庭表现出更强烈的用水需求，以应对炎热天气带来的挑战。研究表明，湿度直接影响人体皮肤的蒸发散热效率，进而作用于人体的代谢平衡和热风险感知。在高温环境下，人体通过出汗来降低体温，但当空气湿度增加时，汗液的蒸发受到阻碍，因此减弱了人体通过出汗来适应炎热环境的能力。这种状况可以形象地比喻为仿佛置身于蒸汽房中，湿度阻碍了人体的自然冷却机制。因此，在相同的气温条件下，湿度较高的地区的居民感受到的热风险更大（Zhang et al.，2023），而更高的热风险感知会促使个体更大幅度地调整其适应行为，包括增加用水活动来寻求冷却和舒适。此外，气候科学家近年来不断强调，随着气候变化的加剧，高温和湿度相结合可能会对人类健康、生态系统和社会经济造成更为严重的威胁（Coffel et al.，2018；Kang and Eltahir，2018）

2）经济发展水平异质性的影响

从各地区城市统计年鉴获取家庭所在区县的城镇人均可支配收入数据，将城镇人均可支配收入低于样本中位数的区县划分为收入较低组，反之则为收入较高组，并进行了分组回归分析。表5-4的列（3）和列（4）展示了不同收入水平下，气温对家庭用水量的边际影响。结果显示，在低温区间（20℃以下），气温对家庭用水量的影响在收入较高组中更大。例如，在日均气温为5℃时，日均气温每升高1℃，收入较低组家庭日度用水量增加0.0053m³，而收入较高组家庭日度用水量增加0.0069m³。然而，随着日均气温的升高，收入较高组家庭日度用水量对日均气温变化的敏感度增幅低于收入较低组家庭日度用水量对日均日温变化的敏感度增幅，导致在高温期间，收入较低组家庭日度用水量对日均气温的响应超过了收入较高组。例如，当日均气温达到30℃时，日均气温每升高1℃，收入较低组家庭日度用水量增加0.0153m³，而收入较高组家庭日度用水量增加0.0119m³。这一反转现象揭示了收入水平在调节日均气温对家庭日度用水量影响中的复杂性，强调了在不同气温条件下，收入差异对家庭用水行为的影响变化。

出现上述研究结果的潜在原因可能是，随着气温从低温向高温转变，高温对居民的热风险感知产生更大的影响，从而引发居民更强烈的制冷需求。相比调整用水行为，经济条件较好的家庭更可能选择购买或使用空调等制冷设备来应对高温带来的不适，这可能就是在气温上升时，这些家庭的用水量对气温变化的反应相对较小的原因。另外，由于空调设备的价格较高，以及开启空调可能导致电费增加，经济条件较差的家庭在承担制冷需求方面的经济能力较弱。因此，他们更倾向于通过增加用水量，如淋浴和洗衣等，来寻求高温天气下的冷却和舒适，从而导致他们的用水量对气温变化更为敏感。这一现象得到了众多研究的支持。例如，Salvo（2018）基于新加坡的家庭数据发现，住宅价值较高的家庭更倾向于使用更多的电力（而非水）来应对高温天气；Li 等（2019）的研究也表明，在相同的高温条件下，收入较高的家庭用电量更多；Doremus 等（2022）的研究同样表明，低收入家庭的能源消费支出对极端高温天气的反应不如高收入家庭那么敏感。

5.6 气温对家庭用水的长期影响

到目前为止，我们已经分析了气温对家庭用水量的短期影响及其地区异质性。参考 Burke 和 Emerick（2016）的研究，本章进一步将原有的 2010~2019 年面板数据划分为 2010~2014 年和 2015~2019 年两个时段，并基于模型（5-1）对上述两个不同时段的样本分别进行回归，探究气温对家庭用水量的长期影响，结果如表 5-5 所示。可以发现，随着时间的推移，气温对家庭用水量的影响呈现出显著的增长趋势。具体来看，当气温低于 20℃ 时，2015~2019 年的样本中，气温对家庭用水量的边际影响比 2010~2014 年的样本大约高出 40%；而当气温高于 20℃ 时，2015~2019 年的样本中，气温对家庭用水量的边际影响相较于 2010~2014 年的样本大约高出 50%。

表 5-5 气温变化对家庭用水量的长期影响

项目	家庭用水量的自然对数	
	2014 年及以前 (1)	2014 年后 (2)
日均气温 5℃	0.005 2***	0.007 1***
日均气温 10℃	0.006 1***	0.008 6***
日均气温 15℃	0.007 0***	0.010 1***
日均气温 20℃	0.007 9***	0.011 6***
日均气温 25℃	0.008 8***	0.013 1***
日均气温 30℃	0.009 7***	0.014 6***
天气控制变量	控制	控制
日期固定效应	控制	控制
家庭-年固定效应	控制	控制
样本量	13 204 858	14 382 574
调整后的 R^2	0.295	0.306

注：括号内的标准误聚类至家庭水平。* $p<0.1$，** $p<0.05$，*** $p<0.01$

上述研究结果阐明，在控制了随时间变化和不随时间变化的不可观测因素后，随着时间的推移，中国家庭在应对气温上升，尤其是面对高温热浪风险时，呈现出用水量逐渐增加的趋势。这一发现暗示了一个严峻的现实：随着全球气候变暖的加剧，世界各地的人们将越来越频繁地遭遇高温热浪事件，家庭用水量的持续增长无疑将给未来的水资源需求带来日益增大的压力。

5.7　结论与政策建议

全球变暖与水资源危机的现实交织凸显了适应气候变化风险与应对水资源短缺的协调发展的重要性。随着全球气温的上升，家庭用水需求的增加将对未来的用水供应造成越来越大的压力，尤其在中国这样的国家，气温升高的速度和幅度超过全球平均水平，而空调等制冷设备在高收入家庭中高度集中，深入研究家庭用水随气温变化的规律和特性对于改善家庭水资源管理至关重要。本章利用2010年1月1日~2019年5月20日中国南方10个省（自治区、直辖市）家庭层面的日度智能水表数据和天气数据，考察了气温变化对中国家庭用水的影响。研究发现，随着气温的上升，气温对家庭用水的边际影响逐渐增大。在地区异质性方面，高温对家庭用水的影响在空气更潮湿、收入水平更低的家庭中更为显著。在时间维度方面，随着时间的推移，高温对家庭用水的影响不断增强。基于以上研究结论，我们提出如下政策建议。

第一，在家庭水资源管理中，气温的作用不容忽视。过去，预测家庭生活用水需求时，主要考虑的是收入水平、家庭人口规模、人口结构、价格等社会经济因素。然而，随着气候变暖的加剧，公众为适应气候变化而增加的水资源需求给家庭水资源管理带来了新的挑战。政策制定者在未来必须充分认识到气温变量在水资源供给规划中的重要性，确保供水的水量和水质。一方面，从节水政策的实施角度来看，政策制定者需要重视水资源的稀缺性，并通过实施节水政策来鼓励居民节约用水。另一方面，对于中国这样的发展中国家来说，由于空调使用集中在高收入家庭，大规模的节水活动可能会限制公众适应极端气候事件的能力，从而使得更多人面临气候风险。为了解决这一困境，政策制定者可以从宏观层面采取措施，帮助公众更好地适应气候变化。例如，根据人口密度布置足够的适应设施和公共清凉空间，加快蓝绿基础设施建设以降低城市热岛效应，完善城市自然通风与遮阴系统建设。在此基础上，充分利用价格、信息干预、宣传教育等手段，实现居民用水的节约化，尽可能缓解气候变化适应与水资源短缺之间的矛盾。

第二，综合考虑区域异质性，将相对湿度、居民收入水平纳入应对气候变化政策和水资源管理规划的考虑范围。本章第一组异质性分析结果显示，经历相同的气温时，尤其是高温天气，湿润地区的家庭用水量对气温的反应更敏感。随着气候变化的加剧，中国的湿热天气将会延长，湿热风险范围和量级也会进一步扩大（Sun et al., 2022），而相对湿度与体感温度密切相关。这提醒政策制定者在制定气候适应政策规划时要综合考虑城市温度和湿度对公众健康的影响，精准识别"湿热"风险区，精细制定气候适应策略。本章的第二组异质性分析结果显示，随着收入的增加，家庭用水量对气温的敏感度在降低。其背后的原因可能是富裕家庭在经历高温时转向使用空调缓解不适，而低收入家庭由于经济条件约束只能通过增加用水应对气候风险。考虑到高温对人体热健康的威胁边际递增，可以预期高温不但加剧了低收入群体的经济压力，因为他们将为能源消费支付更高比例的费用，而且适应手段的有限性导致了劳动时间损失、健康风险等额外压力。对此，未来气候适应政策和行动需要特别将低收入脆弱群体置于重要地位。

第三，保持灵活性和时效性，根据动态变化调整水资源管理的目标和规划，是应对气候变化挑战的关键。本章的最终分析发现，长期来看，相同的气温变化对家庭用水量的影响逐渐增强，这给予了政策制定者两个重要的启示。首先，气温变化对家庭用水量的促进作用可能最初较为温和，但随着时间的推移，一旦公众形成了增加用水量以应对高温的习惯，这种习惯可能会固化，甚至由于生理适应和习惯的作用，在后期需要更多的用水量来缓解相同气温带来的不适。因此，政策制定者需要围绕水资源的利用和保护开展长期的宣传教育，持续培养居民合理使用水资源和节约用水的意识，以避免长期不必要的水资源消耗和浪费。其次，政策制定者必须认识到，依据历史气候数据制定的水资源管理计划可能不再适用。不了解家庭用水行为随时间的变化规律可能会对用水需求预测产生重大偏差。因此，相关部门应根据公众用水行为的变化定期更新水资源管理和效率计划，确保这些计划能够适应未来的气候变化和用水需求。这种动态的、基于数据的决策方法对于实现水资源的可持续管理至关重要。

第6章 中国公众碳足迹、减排意愿及其影响因素

6.1 研究背景

在应对气候变化的进程中，公众参与至关重要。深入了解公众对减缓全球变暖和降低个人碳排放的意愿，是推动居民低碳生活转型的起点。这不仅为政府、企业、科研机构以及非政府组织在推进相关气候行动时提供了坚实的实证基础，还是确保需求侧减排政策被公众广泛接受并有效执行的关键。

在探索我国公众对于碳减排的态度与行动意愿方面，学术界展开了一系列研究，如 Bai 和 Liu（2013）、崔维军等（2015）、李玉洁（2015）等都曾对此进行过探讨。中国气候传播项目中心（2017）的一项覆盖全国的大规模调研揭示，中国公众虽然对气候变化问题给予了高度关注，并且对该问题的认知也达到了一定的水平，但在实际行动上，尤其在采纳低碳生活方式方面，表现并不积极。此外，一些研究通过量化的手段，如采用条件价值评估法对中国公众为减少个人碳足迹所愿意承担的经济成本进行了评估（段红霞等，2013；Li et al.，2016；Yang et al.，2014）。然而，这些研究在探讨公众的减排意愿时，往往没有充分考虑被调查者的实际碳排放量与其减排意愿之间的关联；同时，对于影响公众碳减排意愿的深层机制也缺乏足够的分析。因此，当前关于公众碳减排意愿的研究成果在为政策制定者提供有效参考和指导方面尚存在一定的不足。

除此之外，有关公众碳减排意愿的文献往往集中于关注个人总体或平均减排意愿的讨论，而未能深入区分不同低碳行为的实施意愿，这种处理方式可能忽视了行为的多样性及其对减排效果的不同影响。事实上，已有研究指出，气候减排行动的宣传教育往往侧重于推广那些对碳排放影响较小的行为（Wynes and Nicholas，2017），而忽略了那些对个人碳足迹影响更大的行为。此外，研究人员也观察到人们更倾向于采取对自身生活方式改变较小、对碳足迹影响较小的减排行为，而对于那些可能需要更大生活调整，但减排效果更为显著的行为，则表现出较低的意愿（Tolppanen et al.，2021；Cologna et al.，2022），这种倾向可能限制了需求侧减排的潜力。为了更有效地推动需求侧减排，政策制定者需要关注公众

是否愿意在那些对他们的碳足迹影响最大的行为上做出改变，这是一个关键盲点，在目前关于该主题的研究中常常被忽视。未来的研究应当更加细致地探讨公众的减排行为选择，以及如何通过政策和教育干预来引导公众采取更有效的减排措施。通过这样的方式，我们可以更准确地评估和优化减排策略，以实现更为深远的环境改善目标。

本章在现有文献的基础上，利用对北京市典型居民的问卷调查数据，深入分析了公众在碳减排意愿方面的差异化特征，并探讨碳减排行为背后的复杂动因，研究框架如图6-1所示。

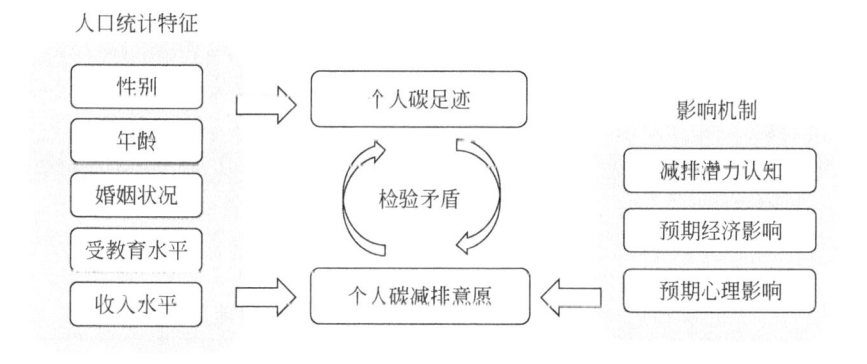

图 6-1 研究框架

在内容安排上，本章首先对中国公众的个人碳足迹进行量化分析，并考察其与人口统计学特征之间的关联性，目的是识别出那些碳足迹更为显著的人群的具体特征。其次，本章评估公众对于碳减排的主观意愿，分析这种意愿与人口统计学特征的相关性，以期揭示哪些社会群体更倾向于采取减排行动。本研究的创新之处在于，它允许受访者对不同的行为表达不同程度的减排意愿，这种调研方式能够帮助我们区分出受访者对于具有较大影响（对个人碳足迹影响更大的行为）和较小影响（对个人碳足迹影响更小的行为）的减排意愿的差异。

基于上述分析，本章进一步探讨个人减排意愿背后的影响机制。具体而言，本章将分别检验三种关键潜在因素的独立和交互作用：个人对自身碳减排潜力的认知水平、个人对采取减排行动可能产生的预期经济影响（如是否认为减排行动会导致额外支出），以及个人对减排行为可能带来的预期心理影响（如是否认为减排行动会降低个人幸福感）。最后，本章将综合公众碳足迹和碳减排意愿的分析结果，以检验公众在碳足迹与其减排意愿之间是否存在显著的一致性或矛盾。这一研究视角不仅能够为理解公众行为提供深刻的见解，还对设计有效的气候变化沟通策略和政策干预措施具有重要的实践意义。

6.2 问卷设计与计量分析

6.2.1 问卷设计和调查

本研究采用问卷调查的方法来探究个人的碳足迹及其碳减排意愿。根据前述的研究框架，设计的调查问卷被细分为三部分，旨在收集关于个人碳足迹、碳减排意愿及其影响因素，以及人口统计学特征的详细信息。

在问卷设计时，本研究首先收集了与受访者个人碳足迹相关的信息。鉴于研究重点并非全面量化个人日常活动产生的全部碳排放，而是分析个人碳排放水平与其减排意愿之间的关系，问卷特别强调了公众在碳排放方面的高影响行为。如表6-1的列（1）、列（2）所示，本研究挑选了8项对个人碳足迹影响较大的行为（"高影响行为"），涵盖了交通出行、能源使用、饮食消费和日常生活4个领域。

表 6-1 问卷调查的行为碳足迹及其相应的减排方案

（1）领域	（2）行为模式	（3）碳足迹核算方法	（4）减排方案
交通出行	日常通勤	通勤里程×每公里碳排放	公共交通出行
	乘飞机出行	飞行里程×每公里碳排放	乘高铁出行
能源使用	空调使用	使用时长×单位能耗×每千瓦时电碳排放	减少空调使用时长
	冰箱使用	使用时长×单位能耗×每千瓦时电碳排放	使用节能家电
饮食消费	肉类饮食	肉类消费量×每千克碳排放	以豆腐替代肉类
	一次性外卖包装	外卖点单量×每单外卖碳排放	使用非一次性餐具
日常生活	使用塑料袋购物	塑料袋使用量×每个塑料袋碳排放	使用可重复利用的购物袋
	阅读纸质书	纸质书购买量×每本书碳排放	阅读电子书

表6-1列（3）展示了每种行为碳足迹的核算方法。遵循当前文献核算个体碳足迹的通用方法（Pandey et al., 2011），每种行为的碳足迹等于个人活动水平乘以相应的碳排放因子（每单位活动水平的碳排放量）。其中，碳排放因子通过调查生命周期评价相关文献和现有碳足迹计算器的相关参数得到，而个人活动水平则是通过问卷调查直接收集得到。例如，在考察日常出行模式时，问卷中包含了关于个人通勤选择的交通工具组合、单次通勤的距离和时间、家庭是否拥有私家车及私家车型号等问题。本研究利用这些详细数据能够计算出受访者每年使用

各种交通方式的通勤总里程,进而通过与相应的排放因子相乘得出个人当前通勤模式的具体碳足迹。

问卷的第二部分调查了受访者的碳减排意愿及其影响因素。现有研究度量个人减排意愿的方法主要有两种:第一种方法是询问受访者是否愿意为缓解气候变化而做出改变,如"您是否愿意降低自身碳足迹来缓解全球变暖?""您是否认同自己会为应对气候变化而付出额外的成本和努力?",并使用量表打分的方式来衡量受访者的意向程度(Brody et al., 2012; Moser and Kleinhückelkotten, 2018)。然而,这种方法对个人减排意愿的度量相对粗糙,受访者往往在社会规范或责任感的约束下做出不真实的回答。第二种方法是询问受访者对采取一系列特定低碳行为的意愿,如"您是否愿意减少开车出行?""您对通过减少肉类消费来降低自身碳足迹的意愿有多高?",这些问题同样采用量表打分来量化个人的意愿(Tobler et al., 2012; Berthold et al., 2023)。这种方法虽然提供了更具体的行为导向,但也可能遭遇一致性反应偏差的问题,即受访者可能对所有行为给出类似的回答(如受访者都选择"非常愿意"),或者由于社会期望的影响而倾向于给出较为积极的答案。

为了解决上述问卷设计中存在的问题,本研究采用了一种更为具体和策略性的方法。我们并未使用一般性的问题,如"您愿意在多大程度上降低自身碳足迹",而是针对其当前的 8 种高影响行为设计了相应的减排方案,如表 6-1 列(4)所示。在此基础上,我们要求受访者对这些减排方案进行分类,具体问题是"您认为在未来一年中最有可能实施和最不可能实施的减排行为是哪些?",并且在这些分类中,各种行为选项是互斥的。这种设计迫使受访者对所有减排方案的采纳意愿进行主观排序,从而有效地避免了受访者对所有方案给出相似答案的倾向。

除了衡量受访者的个人减排意愿,本研究还探讨了影响该种意愿的潜在因素。一方面,受访者可能因为认知上的差距而不愿意采取特定的减排行动,如对某项行为的减排潜力缺乏了解,或者认为采取行动的减排效果微乎其微。为了探究这一点,问卷中包含了如下问题来调查受访者对每种行为减排潜力的认知:"实施以下行为转变一年后,您认为各自的碳减排量如何?",相对应的三个选项分别为"减排量非常大"、"减排量比较大"和"几乎不减排"。另一方面,受访者是否愿意采取减排行动也可能与其对行为改变可能带来的预期影响有关。例如,人们可能不愿意采取那些可能导致消费支出增加或个人幸福感降低的行为。为了评估这些预期影响,问卷中设置了两个问题,分别询问受访者预期采取减排方案后可能带来的经济和心理影响。

(1)设想未来一年您将采取以下行为来降低个人的碳排放。这些行为改变后可能会让您省钱，但也可能会增加您的支出。现在，请您根据自身情况来判断这些行为转变给您消费支出带来的影响。

（2）设想未来一年您将采取以下行为来降低个人的碳排放。但是，做出这些行为改变可能会使您产生不方便、不习惯、不舒适等情绪。现在，请您根据自身情况来判断这些行为转变给您带来的心理影响（用是否快乐来统一衡量）。

为了量化受访者对减排行为预期经济和心理影响的评估，问卷采用了五分量表的答案选项。对于预期经济影响的问题，答案选项被细分为"大量增加开支""略微增加开支""没有明显影响""略微节省开支""大量节省开支"。针对预期心理影响的问题，答案选项则设置为"非常不快乐""比较不快乐""没有感觉""比较快乐""非常快乐"。

问卷最后一部分调查了受访者的人口统计学特征，包括性别、年龄、婚姻状况、受教育程度、家庭年收入、家庭中孩子和老人的数量等（表6-2）。通过分析这些人口统计学特征与受访者的碳足迹以及碳减排意愿之间的相关性，本研究可以识别出哪些特定人群拥有更高的碳足迹，以及哪些人群更倾向于采取减排行动。

表6-2 受访者碳足迹与人口统计学特征的关系

项目	（1）所有行为	（2）交通出行	（3）能源使用	（4）饮食消费	（5）日常生活
性别（男性=1）	0.086	0.161	-0.019	0.034	0.068
	(0.058)	(0.112)	(0.086)	(0.079)	(0.138)
年龄	-0.004	-0.002	-0.008	-0.006	-0.013*
	(0.003)	(0.006)	(0.005)	(0.004)	(0.007)
婚姻状况（已婚=1）	0.148	0.225	0.223*	-0.198*	0.059
	(0.085)	(0.140)	(0.114)	(0.104)	(0.200)
受教育程度（本科及以上学历=1）	0.148**	0.509***	0.101	-0.099	0.186
	(0.069)	(0.145)	(0.098)	(0.093)	(0.158)
家庭年收入（万元）	0.016***	0.048***	0.015***	0.007**	0.056***
	(0.003)	(0.012)	(0.004)	(0.003)	(0.008)
家中儿童数量	0.090	-0.006	0.161**	0.048	-0.073
	(0.066)	(0.096)	(0.070)	(0.061)	(0.099)
家中老人数量	0.021	0.039	0.031	-0.016	0.040
	(0.024)	(0.048)	(0.036)	(0.031)	(0.063)
R^2	0.175	0.150	0.094	0.034	0.057
观察值	437	437	437	437	437

注：括号内为系数标准误。***、**、*分别表示系数在1%、5%、10%的水平上显著

问卷调查于2024年1~3月通过在线调研平台开展。考虑到本研究关注的高碳足迹行为模式以及相应的减排方案更适用于大城市人群，我们将调查对象设定为北京市年满18岁的非学生人口，这样的定位使得本研究的结果对于理解和激励大城市高碳足迹人群的减排意愿及行动具有重要的政策意义。

为了确保在线调查的样本能够充分代表北京市的常住人口，本研究采用了分层抽样的方法，根据性别、年龄和教育水平3个关键维度对样本进行了精细化的选择。本研究利用这一方法共收集了451份问卷。在数据收集完成后，我们对问卷进行了严格的质量控制，排除了那些回答不完整或显示出单一响应偏差的问卷，即针对一系列设问类似的题目给出相同答案的问卷。经过这一筛选过程，最终确定了一个包含437份有效样本的数据集，用于后续的实证分析。

6.2.2 统计与计量分析

在实证分析部分，第一个目标是对受访者8种高碳排放行为的碳足迹进行核算和统计分析。在此基础上，本研究构建如式（6-1）所示的计量模型，将个人碳足迹与其人口统计学特征相联系：

$$CF_i = \alpha + \beta X_i + \varepsilon_i \tag{6-1}$$

式中，因变量CF_i为受访者i的所有行为碳足迹之和的对数，通过问卷中自我汇报的活动水平与相应碳排放因子相乘计算得到；X_i为受访者i的一系列人口统计学特征变量，包括性别、年龄、婚姻状况、受教育程度、家庭年收入、家庭中孩子和老人的数量；α为模型常数项；ε_i为随机扰动项；系数β的估计值反映出各种人口特征与受访者个人碳足迹的相关性，从而可以识别出哪类人群具有较高的碳足迹。

实证分析的第二个目标是深入理解公众减少个人碳足迹的意愿，并探讨这种意愿与受访者人口特征之间的相关性。在实证研究策略上，本研究首先采用描述性统计分析方法，就受访者对不同减排策略的采纳意愿进行了详细分析，旨在揭示公众更倾向于采取哪些低碳行为。在此基础上，本研究进一步构建了计量模型以识别不同人群在碳减排意愿上的差异。具体模型如式（6-2）所示。

$$CW_i = \alpha + \beta X_i + \varepsilon_i \tag{6-2}$$

式中，因变量CW_i为受访者i的碳减排意愿，本研究采用两种方式来构建这一变量。首先，我们创建了一个二元虚拟变量，其取值为1的条件是受访者将对其个人碳足迹贡献最大的行为所对应的减排方案列为未来最可能采取的低碳行为，否则该变量取值为0。这种方法将受访者是否愿意调整其碳足迹最大的行为作为衡量其减排意愿的一个代理指标。其次，我们计算了一个比例变量，即受访者所选的"未来最可能实施的三种减排行为"所对应的碳排放在所有行为碳足迹总和中的比例。这个变量的取值范围介于 0~1，数值越大表明受访者对于降低个人碳足迹的意愿越强烈。除此之外的其余变量设定与式（6-1）相同。

基于上述两项分析内容，本研究能够识别当前公众在个人碳排放和碳减排意愿之间是否存在潜在矛盾，即碳足迹更高的人群是否具有更强烈的减排意愿。此外，为了理解不同人群碳减排意愿的差异性，本研究进一步对影响公众意愿的潜在因素进行分析，包括受访者对低碳行为减排潜力的认知、对采取行动后的预期经济影响和心理影响，从而有助于理解哪些因素在塑造个人碳减排意愿中发挥了重要作用。

6.3 公众的碳足迹及其影响因素

本研究首先对受访者 8 种行为的碳足迹水平进行了计算。如图 6-2 所示，这些行为的碳足迹表现出显著差异。在所有行为中，与交通相关的活动产生的碳排放最为显著，其次是能源使用和饮食习惯，而与日常生活消费相关的两种行为对碳足迹的贡献相对较小。具体来看，平均碳足迹最高的 3 种高碳排放行为分别是飞机出行、空调使用和日常通勤。

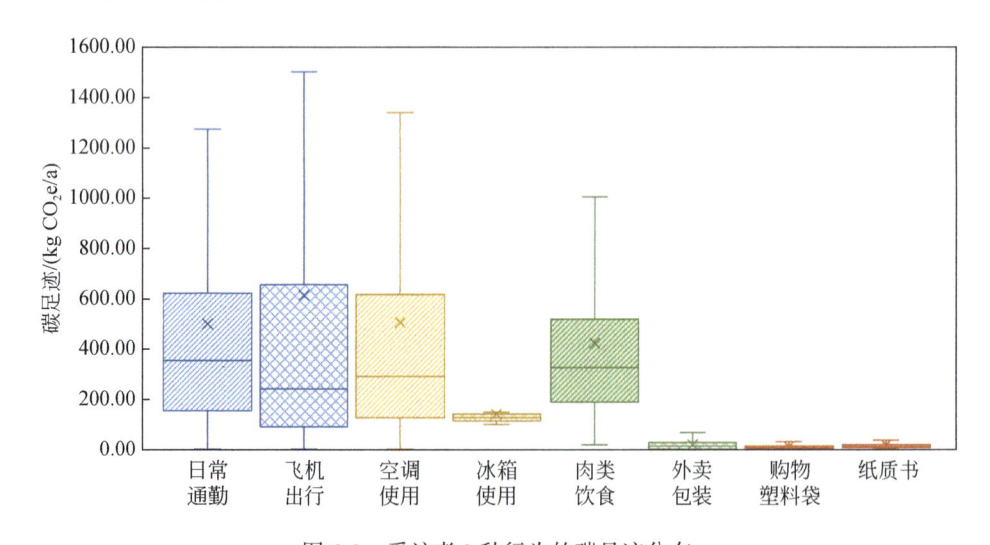

图 6-2 受访者 8 种行为的碳足迹分布

注：箱线图中叉号表示均值，中部横线表示中位数，上下边线表示上下四分位数

通过加总所有行为的碳排放，我们计算出北京市受访者在这 8 种行为上的平均碳足迹，为每年 2.47t 二氧化碳当量（CO_2e）。与基于投入产出法估算出的北

京居民人均碳足迹相比，这 8 种行为产生的碳排放占到了居民平均碳足迹的 77%（Mi et al.，2020）。这表明本研究所选取的行为在很大程度上代表了居民日常生活中的主要碳排放来源，验证了研究设计和调查方案的有效性和实用性。

在此基础上，本研究进一步探讨了受访者碳足迹与其人口统计学特征之间的关联（表 6-2）。在表 6-2 的列（1）中，因变量是个人碳足迹的总量，而列（2）~列（5）则分别代表受访者交通出行、能源使用、饮食消费和日常生活 4 个领域的碳足迹。通过观察各列的估计结果，我们发现收入水平是影响个人碳足迹最为显著的因素，表现为收入越高的受访者，其碳足迹也越大。此外，受教育程度较高的个体在碳足迹方面也表现出显著的增长，尽管这一趋势主要局限于交通出行领域。鉴于受教育程度与收入水平之间存在显著的正相关性，计量分析的结果总体上揭示了社会经济地位较高的人群往往伴随着更高的碳足迹，这与现有的研究结果是一致的（Abrahamse and Steg，2009；Cayla et al.，2011；Kennedy et al，2015）。

由于收入水平是影响个人碳足迹的最显著因素，因此本研究进一步将所有受访者的家庭年收入分为 13 档，并在图 6-3 中展示了不同收入水平受访者在碳足迹上的分布差异。其中，收入水平最低档（≤3 万元）的受访者平均碳足迹仅为 1.56t CO_2e/a。相比之下，收入水平最高一档（>6 万元）的受访者其平均碳足迹高达 3.63t CO_2e/a，是收入最低档受访者的两倍多，并且大约占到了样本中所有受访者碳足迹总和的 20%。这些数据不仅揭示了收入与碳足迹之间的正相关关系，还强调了高收入群体在总体碳排放中的显著贡献。

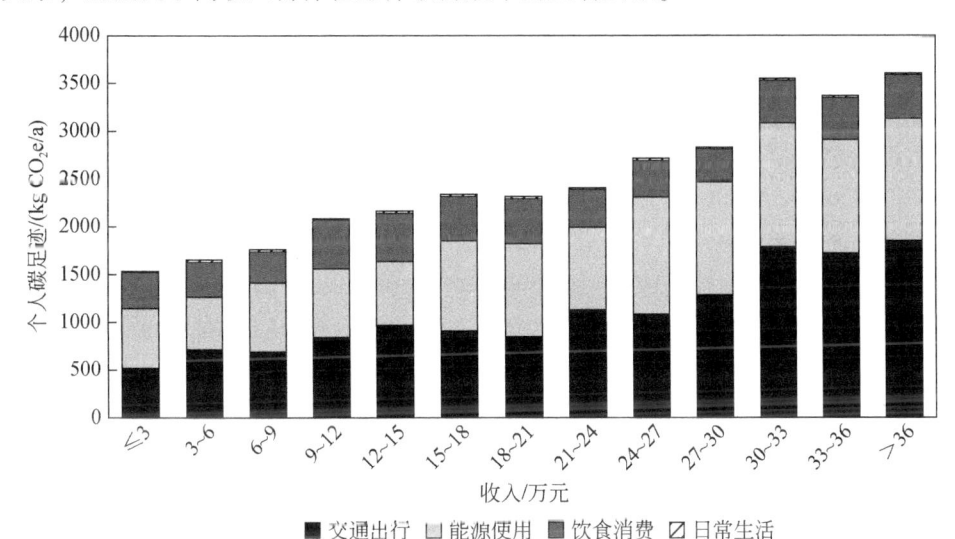

图 6-3 不同收入水平受访者的碳足迹水平

分部门来看，不同收入水平的受访者在碳足迹上的差异主要来自交通和家庭能源使用。聚焦到具体的差异来源，我们发现收入水平最低档的受访者中仅有6%的人选择私家车通勤，平均每年乘飞机出行的次数约1.6次；相比之下，收入水平最高档的人群中，私家车通勤的受访者占比达到50%，而平均每年乘飞机出行的次数为5.2次。除此之外，高收入群体在私家车通勤里程、家电拥有量、空调使用时长等方面也显著高于低收入群体。因此，这些经济活动水平上的差异解释了为何不同收入群体之间的碳排放相差如此之大。

综上所述，由于收入水平和消费模式的不同，本研究中的受访者在个人碳足迹方面展现出显著的不平等，这一发现与现有研究的结果相一致（Wiedenhofer et al., 2016; Sun et al., 2021; Wang et al., 2022）。为了缩小不同群体之间在碳足迹上的巨大差异，我们期待那些碳足迹较高的群体展现出更强的减排意愿，并采取更为积极的减排措施。这样的行动不仅能够提高减排效率，还能有效降低个人碳足迹的不平等性，从而促进社会福祉的整体提升。因此，本章后续内容将深入探讨公众的碳减排意愿及其与个人特征之间的关联，并分析不同经济水平的受访者在采取低碳行动上的态度差异。

6.4 公众的碳减排意愿及其影响因素

6.4.1 碳减排意愿及其影响因素

本研究采用了两种不同的方法来衡量公众的碳减排意愿。首先，本研究识别了受访者是否愿意采取行动来减少对其碳足迹影响最大的行为，并基于此构建了一个虚拟变量。这个虚拟变量用以表示受访者是否愿意改变那些对其碳足迹贡献最大的行为（"最高影响行为"）。之所以重点关注这些行为，是因为这些行为的改变能够最有效地降低个人的碳足迹。例如，对于一个日常通勤占个人碳足迹50%以上的人来说，我们更关心他是否愿意降低出行相关的碳排放，而不是他对其他低影响行为的减排意愿。根据统计分析，该虚拟变量的均值为28.6%，这表明大多数受访者并不愿意改变对他们碳足迹影响最大的行为。其次，本研究构建了第二个代表公众减排意愿的变量，即受访者最愿意实施的三项减排行为（"首选减排行为"）的碳排放占所有行为碳排放的比例。这个比例越大，表明受访者对减排的意愿越强烈。该变量的平均值为30.9%，这也印证了先前的研究——公众更倾向于改变那些对个人碳足迹影响较小的行为（Wynes and Nicholas, 2017; Moser and Kleinhückelkotten, 2018）。

表6-3展示了受访者碳减排意愿与其人口统计学特征之间的关系。其中，列（1）汇报了以受访者"是否愿意改变对其碳足迹最高影响行为"为因变量的逻辑回归模型的边际效应估计结果，系数反映了人口统计学特征对受访者减排意愿的边际效应。可以看出，家庭年收入增加1万元会使个人减排意愿显著降低0.5%，而其他因素对碳减排意愿的影响均不显著。

表6-3 受访者碳减排意愿与人口统计学特征的关系

项目	（1）是否愿意改变对其碳足迹最具影响的行为	（2）首选减排行为的碳足迹占比
性别（男性=1）	0.006	0.020
	(0.044)	(0.023)
年龄	−0.001	0.001
	(0.002)	(0.001)
婚姻状况（已婚=1）	0.090	0.037
	(0.061)	(0.027)
受教育程度（本科及以上学历=1）	−0.018	−0.052*
	(0.053)	(0.028)
家庭年收入（万元）	−0.005***	−0.005***
	(0.002)	(0.001)
家中儿童数量	−0.043	−0.013
	(0.036)	(0.017)
家中老人数量	0.018	0.002
	(0.019)	(0.009)
R^2	0.021	0.068
观察值	437	437

注：括号内为系数标准误。***、**、*分别表示系数在1%、5%、10%的水平上显著。

列（2）汇报了以受访者最希望采取的减排行为的碳足迹占总体碳足迹的比例为因变量的最小二乘回归结果。同样地，我们发现收入水平与首选行为碳足迹占比之间显著的负相关性。除此之外，更高的受教育程度也导致更低的碳减排意愿，但系数仅在10%的统计水平上显著。

实证分析的结果揭示了公众收入水平对其碳减排意愿具有重要影响，并且随着收入的增加，受访者的减排意愿呈现出下降的趋势，这一发现与6.3节关于碳足迹与收入水平之间关系的分析相呼应，表明实际排放水平与主观减排意愿之间存在一定的矛盾。具体来说，碳足迹较高的群体往往表现出较低的减排意愿，这可能反映了公众在面对减排选择时所面临的实际挑战和心理障碍。为了更深入地理解这种态度差异背后的潜在机制，本研究将在下面探讨造成受访者态度差异的潜在原因。

6.4.2 影响碳减排意愿的机制分析

本节分别对3种可能影响公众碳减排意愿的机制进行分析，从而回答为何收入以及碳足迹更高的人群更不愿意为降低自身碳排放做出贡献。

1）减排潜力认知

第一种可能的解释是，这些受访者可能由于对低碳行为的减排潜力缺乏了解，或者认为个人碳减排的效果有限，从而导致了较低的减排意愿。为了量化公众对碳减排行为的认知水平，本研究设计了与8种行为相对应的减排方案的减排潜力认知问题，并采用三分量表进行评分，其中"几乎不减排""减排量比较大""减排量非常大"分别对应1分、2分和3分。如果认知水平确实影响了公众的减排意愿，那么高收入群体（表现出较低的减排意愿）对自身减排潜力的认知水平应当更低。

为了验证这一假设，图6-4展示了不同收入水平的群体对碳足迹最高影响行为的减排潜力认知情况。其中，纵坐标轴表示每组受访者对三分量表问题的平均打分情况，这有助于我们直观地比较不同收入群体在减排潜力认知方面的差异。

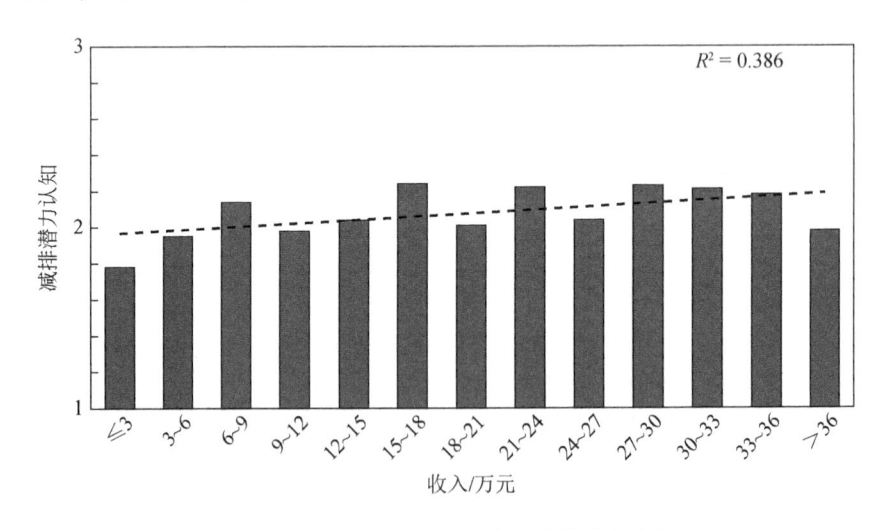

图6-4 不同收入水平受访者的减排潜力认知

注：虚线为受访者对碳足迹最大行为的减排潜力认知与其收入水平的线性拟合线

分析结果表明，除了收入水平最低的一组（≤3万元）外，其余收入区间的受访者对自身碳足迹最大的行为的减排潜力打分普遍在2分左右，各组之间并未展现出显著的差异。这一发现意味着，高收入群体对个人高碳排放行为减排潜力的认知普遍较高，与收入水平之间存在显著的正相关性，相关性系数约为0.39。换言之，高碳足迹的富有人口并非缺乏了解如何有效降低自身碳足迹的知识，但他们并不愿意采纳相应的低碳减排行动。这种现象可能反映了社会经济地位较高的人群在减排意愿和实际行为之间的矛盾，以及可能存在的认知与行动之间的脱节。进一步的研究需要探讨这种认知与行为差异背后的深层次原因，以及如何通过政策干预和教育引导来弥合这一差距，从而促进更广泛的减排行动。

2）预期经济影响

第二种可能的解释是，高收入群体可能倾向于认为采取低碳减排行为会带来额外的消费支出。为了量化这一预期，本研究收集了受访者对减排方案的预期经济影响，并采用五分量表进行量化——将"大量增加开支""略微增加开支""没有明显影响""略微节省开支""大量节省开支"五个选项分别赋分为1～5分。如果经济负担确实是影响公众碳减排意愿的一个重要因素，那么高收入群体对碳足迹最大行为的预期经济影响打分应相对较低，意味着他们更倾向于认为行为改变的经济影响是负面的。图6-5展示了不同收入水平受访者对碳足迹最高影响行为产生的经济影响的预期，其中纵坐标为各组受访者五分量表的平均打分情况。

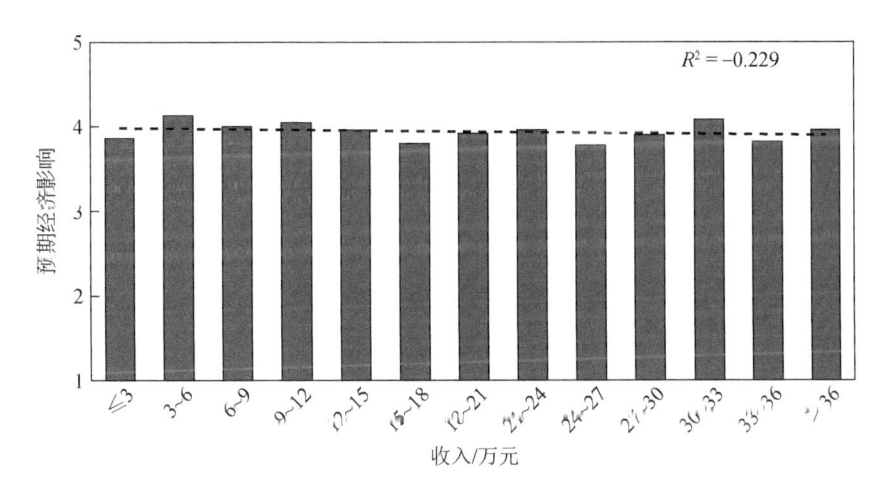

图6-5 不同收入水平受访者对低碳行为的预期经济影响

注：虚线为受访者对碳足迹最大行为的预期经济影响与其收入水平的线性拟合线

总体而言，不同收入水平的受访者对于采取低碳行为的预期经济影响基本保持一致。各个组别的受访者量表打分结果均在 4 分左右，这表明平均而言，公众普遍认为改变高碳生活模式有助于节省开支。虽然在统计上受访者的收入与其对减排行为的预期经济影响之间存在负相关关系，但不同收入群体的预期经济影响在均值上并未显示出显著的统计学差异。这一发现意味着，不同收入群体对减排行为的预期经济影响没有明显区别，因此预期经济影响并不是解释公众碳减排意愿存在差异的关键因素。

3） 预期心理影响

最后，本研究探讨了受访者对采取低碳行动的预期心理影响是否对其减排意愿产生重要影响。问卷调查中询问了受访者对未来行为转变对其快乐程度的影响，并采用五分量表进行评价，其中，"非常不快乐""比较不快乐""没有感觉""比较快乐""非常快乐"5 个选项依次被赋予 1～5 分。如果预期心理影响对公众碳减排意愿产生显著影响，那么减排意愿较低的高收入群体应当会因生活方式的低碳化转变而感到更不快乐，这应该在问卷中体现为更低的打分。

图 6-6 展示了不同收入水平受访者对采取低碳行为的预期心理影响的数据，其中纵坐标代表各组受访者对改变碳足迹最高影响行为的快乐程度的平均打分情况。

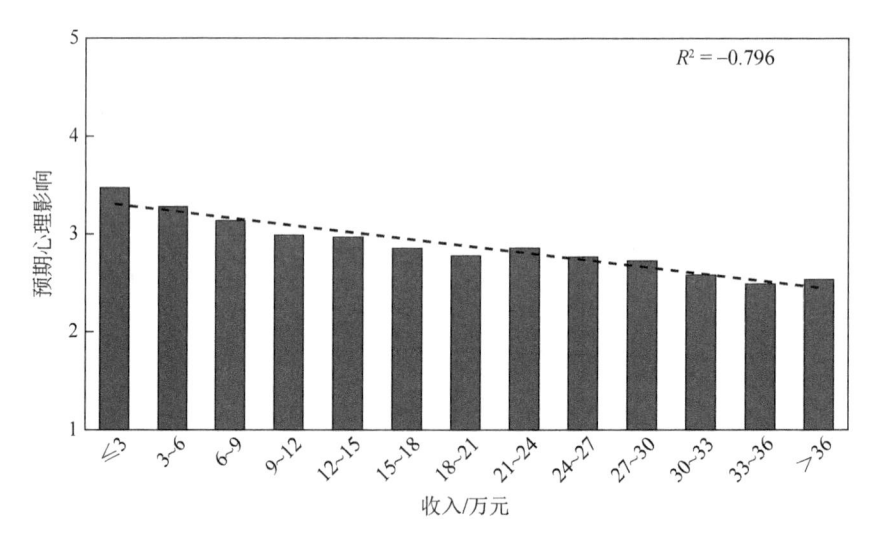

图 6-6 不同收入水平受访者对低碳行为的预期心理影响

注：虚线为受访者对碳足迹最大行为的预期心理影响与其收入水平的线性拟合线

结果表明，收入更高的受访者对采取低碳行为的预期心理影响明显更低。例如，收入水平最低一档的受访者给出的平均分为 3.5 分，相比之下收入最高一档的受访者给出的平均分为 2.5 分。由此可见，收入更高的受访者已经习惯于高碳排放的生活方式，而现有研究也表明这种生活方式往往与更高的幸福感相关联（Ambrey and Daniels，2017；Fanning and O'Neill，2019；Li and Chen，2022）。因此，对于这部分人群而言，改变生活方式可能意味着失去一部分心理上的满足感，从而影响了他们的减排意愿。

除了通过描述性统计直观展示具有不同减排意愿的受访者在减排潜力认知、预期经济影响和预期心理影响方面的差异，本研究进一步运用计量模型来检验上述3个影响因素与个人收入水平以及其他人口统计学特征之间的相关性。表6-4展示了模型的估计结果。其中，列（1）~（3）的因变量分别为受访者对碳足迹最高影响行为的减排潜力认知、预期经济影响和预期心理影响。考虑到因变量均为基于问卷量表的排序数据，本研究使用排序逻辑模型进行回归分析。回归结果如表6-4所示。

表6-4 受访者减排意愿影响机制与人口统计学特征的关系

项目	（1）减排潜力认知	（2）预期经济影响	（3）预期心理影响
性别（男性=1）	-0.200 (0.190)	-0.121 (0.191)	-0.191 (0.186)
年龄	0.000 (0.010)	-0.001 (0.009)	0.003 (0.009)
婚姻状况（已婚=1）	0.453 (0.292)	0.223 (0.259)	0.017 (0.245)
受教育程度（大学毕业=1）	0.073 (0.229)	0.201 (0.217)	0.360 (0.222)
家庭年收入（万元）	0.010 (0.010)	-0.011 (0.008)	-0.037** (0.018)
家中儿童数量	0.275 (0.186)	0.039 (0.163)	0.033 (0.141)
家中老人数量	-0.032 (0.086)	0.052 (0.077)	-0.042 (0.076)
调整后的 R^2	0.009	0.004	0.012
观察值	437	437	437

注：括号内为系数标准误。**表示系数在5%的水平上显著

表6-4列（1）和列（2）的回归结果表明，受访者碳足迹减排潜力认知和预期经济影响与所有人口统计学特征均未呈现出显著相关性。在列（3）中，受访者对低碳行为的预期心理影响与家庭年收入在5%的水平上有显著的负相关关

系,但与其他变量未发现统计上的相关性。总体而言,计量分析结果支持了前述的发现——高收入群体之所以更不愿意降低自身碳排放,主要是因为他们认为践行低碳行动会使他们感到更不快乐。相比之下,受访者对低碳行为的减排潜力认知以及对实施减排行动的预期经济影响并未显著影响其减排意愿。结果表明,预期心理影响在影响公众减排意愿方面扮演着关键角色,而减排潜力认知和预期经济影响在此过程中的作用相对较小。

6.5 结论与政策建议

理解公众对气候变化问题的认知及其减缓气候变化的行动意愿,对于政策制定者制定需求侧减排措施具有重要的指导意义,同时为企业、科研机构、非政府组织等利益相关方设计并开展相关工作提供了坚实的现实依据。虽然已有大量文献对中国公众的气候变化认知水平和碳减排意愿进行了调查分析,但这些研究往往忽略了气候变化认知和碳减排意愿在不同人群中的异质性,尤其是那些碳足迹存在显著差异的个体。因此,仅仅了解一般性的公众碳减排意愿并不能满足相关工作和政策制定所需的针对性建议。

本研究采用问卷调查的方法,对中国公众的碳足迹和碳减排意愿进行了研究,并将其与受访者的人口统计学特征相结合。基于北京市代表性居民样本的调查结果显示,受访者在研究的 8 种高碳行为上的平均碳足迹为 2.47t CO_2e/a,然而,不同个体之间的碳足迹存在显著差异。导致个体碳足迹差异的最主要因素是收入水平,即收入水平越高的受访者,其碳足迹也越大。在交通出行和能源使用领域,不同收入群体之间的碳足迹差距尤为显著,而在饮食消费和日常生活方面的差异相对较小。

在对公众实际碳足迹进行深入分析的基础上,本研究进一步探讨了公众降低自身碳足迹的意愿。与以往文献对公众减排意愿的一般性测量不同,本研究特别关注了受访者对 8 种高碳足迹行为的减排意愿,并据此识别出他们对个人碳足迹贡献最大的行为的减排意愿。研究结果显示,公众更倾向于采取行动来改变那些对自身碳足迹影响较小的行为,而超过 70% 的受访者并不考虑改变对其个人碳足迹影响最大的行为。

从公众碳足迹减排意愿的影响因素来看,收入水平仍然是影响其减排意愿的关键因素。收入越高的受访者,其减排意愿越低。这一发现反映出现阶段中国公众在客观碳足迹水平与主观减排意愿之间存在的矛盾——对需求侧碳排放影响更大的高收入群体反而更不愿意向低碳行为模式转变。这也意味着,针对公众的一般性低碳减排激励可能并非最有效率的策略。

为了深入探究高收入群体为何持有较低的减排意愿，本研究从减排潜力认知、预期经济影响以及预期心理影响3个维度进行了机制分析。分析结果揭示，高收入群体的减排意愿较低，并非由于他们对低碳行动的减排潜力缺乏认知，也不是因为他们更倾向于认为采取低碳行动会增加自身的消费支出，而是由于低碳行为会使他们感觉更不快乐。这种心理和情感上的差异，本质上源于高碳生活模式给人们带来的更大的快乐和幸福感。

随着应对气候变化和需求侧碳减排行动的不断推进，针对公众减排意愿的一般性分析已经无法满足政策制定者的需要，研究者需要更有针对性地开展相关调查，以探索不同群体减排意愿的差异及其影响因素，从而为政策制定提供更具有针对性的意见和建议。

本研究识别了公众碳足迹与其减排意愿之间的潜在矛盾，发现高收入人群具有更高的碳足迹，但其减排意愿却相对更低。因此，在政策设计过程中需要充分考虑不同群体对低碳减排行动主观态度的差异，对高收入群体设计更有针对性的激励政策。例如，向高收入人群呼吁减少不必要的资源浪费，摒弃物质主义的生活方式，可能对引导其思想和行为转变具有重要影响（Isham et al., 2022）。此外，在高收入群体内树立践行低碳行动或简约生活的榜样，也被证明能够有效地激发人们的社会比较心理与行为模仿（Westlake, 2017）。同时，有研究者建议非高收入群体通过舆论压力等方式对高收入者的日常行为形成一种监督，以减少后者的资源浪费，从而降低社会碳足迹的不平等（Barros and Wilk, 2021）。

除了上述非货币手段之外，价格机制也可以用于降低不同群体在碳足迹或减排责任上的不平等性。遵循"污染者付费"的原则，政策制定者可以通过对高碳排放产品或服务征收更高的价格或税率，例如调整汽油税、机票价格和居民电价等。此外，直接对个人碳排放征收的碳税政策也被认为是降低群体间碳足迹不平等性的有效手段，尽管在具体的税收征收模式和再分配方法上仍存在争议（Fremstad and Paul, 2019；Chancel, 2022）。因此，如何更有效地运用这些价格工具，在确保政策可接受性的同时减少个人碳排放，仍需要后续研究的深入分析。

公众碳减排意愿的研究虽然已取得了一定进展，但仍存在一些研究空白，需要未来研究者进一步努力。首先，针对个体的有效碳减排激励应当侧重于那些对个人碳足迹影响最大的行为，但目前的政策宣传和科普教育往往忽视了这一点（Wynes and Nicholas, 2017）。因此，有必要对公众是否真正了解对自身碳足迹影响最大的行为，以及不同碳足迹行为在减排意愿上的差异进行调查。本研究在这一方面的初步探索可为后续研究提供参考。其次，为了有效提升公众的碳减排意愿，有必要对不同的激励措施（如信息干预、社会比较、心理暗示等）的效果进行检验和对比。严谨地对照实验方法可以为实现这一研究目的提供有效的分析工具。最后,公众自我汇报的碳减排意愿与其实际采取的减排行动分别反映了人们应对气候变化问题的"知"与"行"。然而,"知"与"行"之间是否具有一致性,以及如何通过政策干预和教育引导促进这种一致性,这些问题仍有待后续研究来解答。

第 7 章　中国公众对低碳饮食的消费偏好与意愿

7.1　研究背景

在当前全球气候变化的背景下，食品部门的温室气体排放量不容忽视。现有研究发现，食品部门产生的温室气体排放量占全球温室气体排放量的15%，其中肉类产品温室气体的排放量是植物性食品温室气体排放量的两倍（Xu et al., 2021）。显然，调整我们的饮食习惯，特别是减少肉类消费量，对于缓解气候变化具有重要意义。然而，伴随着人口总量和人均收入的不断增长，全球肉类消费量在持续上升（Godfray et al., 2018）。中国的肉类消费量增长尤为显著，约占目前全球肉类消费量的30%，并且还在快速增长（图7-1）。与之相比，欧洲、北美洲等主要发达地区的肉类消费量已趋于稳定。鉴于此，推动中国公众向低碳植物型饮食转变，不仅有助于控制全球肉类消费量的增长，还将对抑制全球变暖产生深远影响。

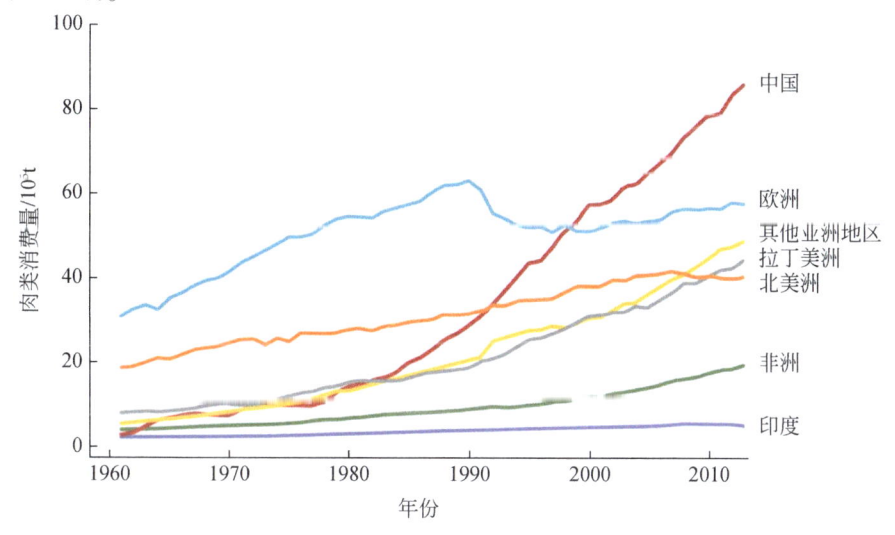

图 7-1　全球各地区肉类消费量及变化情况（1960~2015年）

资料来源：Godfray et al., 2018

从发达国家推行素食主义和低碳饮食转型的经验来看，消费者的肉类需求将在很大程度上被"植物肉"（plant-based meat）替代（Choudhury et al., 2020）。这种新兴的素食产品通过提取豆类植物中的植物蛋白作为原料，经过加热、挤压膨化、塑形冷冻等过程，并加入不同的添加剂，以模拟真实肉的外观、风味和口感，旨在尽可能完美地替代传统肉类（He et al., 2020）。

植物肉产业在欧美发达国家逐渐兴起并迅速发展壮大。自2011年开始，植物肉品牌公司如雨后春笋般涌现，每年都有一定数量的新公司上市，品牌数量更是呈现出迅速增加的趋势（图7-2）。与此同时，市场需求也在逐步扩大，表明这种新颖的食品正逐渐被发达国家的素食主义者接纳。然而在中国，虽然植物肉品牌在2019年后也呈现出迅速增加的趋势，但消费者对植物肉产品的接受度仍普遍低于发达国家（Bryant et al., 2019；Wang and Scrimgeour, 2021）。此外，在网络社交媒体上，对植物肉产品的批评和反对声音也不绝于耳（Chen and Zhang, 2022）。

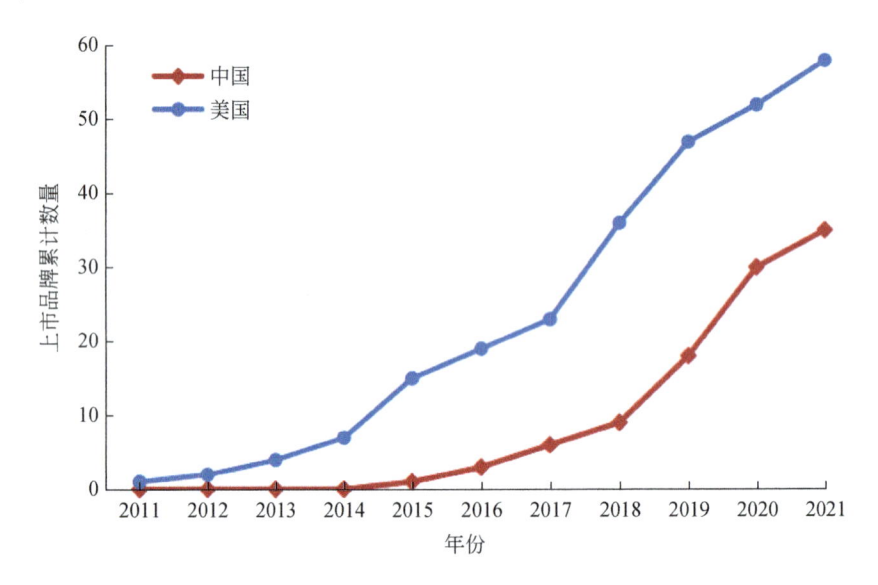

图7-2 中美植物肉上市品牌累计数量对比（2011~2021年）
以产品和业务范围为筛选条件，在上市公司名单中检索得到上市品牌数量

植物肉饮食的普及面临三大主要障碍。首先，许多嗜肉消费者坚持认为，即使在现有先进的食品生产技术下，植物肉在口感和风味上仍无法完美媲美真实肉类，这种看法导致了这些消费者对肉类替代品持有抵触态度（Lea et al., 2006）。其次，肉类消费与一个地区的社会文化有着千丝万缕的联系。在某些地区，吃肉被视为社会地位或经济实力的象征（Pohjolainen et al., 2015）。这些深植于社会

习俗和文化中的观念与饮食习惯不易因外界而改变。最后，目前国内植物肉的售价较高，市场平均售价约为 120 元/kg，这一价格超过了大多数动物肉类产品，从而限制了消费者的选择。因此，即使现在生产者大力宣传植物肉的种种优势，也只会有很少一部分消费者愿意用此替代传统肉类。

虽然植物肉作为一种新兴的肉类替代品，在中国市场尚未征服"中国胃"，但研究显示，推动公众向低碳饮食转变，并接受肉类替代品，或许可以通过推广我国传统的植物蛋白食品来实现。在中国，以豆腐为代表的传统植物蛋白食品拥有两千多年的悠久历史，已成为人们餐桌上的主要食物。这些传统的植物性食品与植物肉在原材料和营养成分上高度相似，并且两种食物在其生命周期内产生的温室气体排放量也十分接近（Bakhsh et al., 2021；Detzel et al., 2022）。更为重要的是，由于这些传统植物蛋白食品长期存在于人们的饮食中，因此更容易被大众接受。此外，这类食品在价格上也有明显的优势。例如，目前市场上豆腐的售价仅为 3 元/kg，这不仅远低于传统肉类，更是植物肉平均价格的 1/40。

在中国，植物肉作为一种新颖的肉类替代品，尚未被广大消费者了解并接受，其较高的市场价格也限制了其普及率。与此同时，以豆腐为代表的传统植物蛋白食品凭借其悠久的历史、低廉的价格和频繁的食用频率已经在人们的饮食中占据了重要地位。鉴于此，本研究开展了一项全国性的消费者调查，旨在深入理解公众对低碳饮食的认知、态度以及食品选择。在此基础上，本研究采用离散选择实验（discrete choice experiment）方法，评估和比较消费者对植物肉和传统植物蛋白食品的偏好，并据此测算了消费者从传统肉类转向以豆腐和植物肉为主的植物蛋白食品的支付意愿（willingness to pay）。进一步地，本研究分析了不同消费群体对素食替代品偏好的异质性，为制定针对特定消费群体的政策激励设计提供参考。

7.2 离散选择实验设计

7.2.1 问卷设计

本节旨在探讨中国公众对于低碳饮食的偏好，主要通过实施问卷调查进行离散选择实验，以此获得消费者的饮食消费偏好、对肉类替代品的主观态度和个体特征等信息。为了确保参与调查的受访者能够在离散选择实验中自由表达其偏好，不受个人特殊情况的限制，问卷一开始便询问受访者是否因某些特殊生理原因或减肥需求而有意避免某些食品，并将这部分受访者从样本中排除。

问卷的核心部分为一项离散选择实验,该实验通过构建一个假设的点餐场景,引导受访者在近似现实生活的场景下做出真实选择。在这一场景中,受访者被邀请想象自己置身于一家餐馆,面前有 3 种不同的套餐供其选择。这些套餐的主食分别是传统肉类、豆腐和植物肉,它们在价格、碳排放量、有机认证和原产地等方面各不相同,而在蔬菜搭配、主食、卡路里和烹饪方法等方面则保持一致。受访者被要求根据如图 7-3 所展示的选项进行选择,这些选项详细列出了 3 种套餐的产品属性以及其他相关的信息。为了帮助消费者更准确地理解这些产品属性,问卷特别指出了这些套餐中是否含有动物蛋白,并且通过比较说明,一台普通空调运行 2h 所产生的碳排放约量大约为 1kg,这样的提示旨在帮助消费者充分理解各种产品属性的具体含义,并在此基础上做出更为审慎的选择。

项目	传统肉类	豆腐	植物肉
价格/元	30	10	20
碳排放量/kg	7	0.5	3
是否有机/无激素	否	否	是
原产地	进口	国产	进口
是否有动物蛋白	是	否	否

注:据计算,1kg 的二氧化碳排放量相当于一台普通空调运行 2h 的碳排放量

项目	传统肉类	豆腐	植物肉
您的选择			

图 7-3 饮食偏好离散选择实验的一个示例

此外,在调查实验中,考虑到受访者可能在做出选择时受到社会规范或者调查人员期望的影响,而不是纯粹基于个体真实偏好(例如,他们可能认为选择素食可能更符合社会可持续发展的需求或研究者的期望)。为了确保收集到的数据能真实反映消费者的选择偏好,问卷设计时特别加入了一些话术,以减轻受访者的潜在顾虑。为了获得消费者真实的选择并提高研究结果的可靠性,问卷中明确要求受访者只能从 3 种套餐中选择一个最符合其个人喜好的选项,并强调这个选择没有对错之分,只需要根据个人的日常喜好做出决定。在离散选择实验模块,受访者将进行 4 次选择,每次选择中套餐的产品属性都会发生变化,这样可以全面地捕捉到消费者的偏好。

问卷设计方面,除了核心的随机离散选择实验外,问卷还收集了受访者的个人特征信息,包括性别、年龄、受教育程度、婚姻状况、职业、个人及家庭收入、家庭规模等。此外,为了深入探究受访者的饮食选择偏好与其饮食消费特征

和态度之间的联系，问卷还依据学界广泛认可的食物选择动机理论，设计了一系列问题。这些问题旨在系统地揭示受访者选择食物时的内在动机，并帮助我们解释在离散选择实验中所观察到的偏好差异。

问卷调查于 2023 年 5~10 月进行，通过在线调研平台开展，共回收了 2463 份问卷。经过筛选，排除了回答不完整、作答时间短于 3min 以及存在明显逻辑矛盾的问卷，最终获得了 2161 份有效样本。本节将利用这些样本数据进行后续的实证分析。

7.2.2 离散选择模型

在收集了中国公众的饮食选择数据之后，本研究采用离散选择模型分析消费者对低碳饮食的消费偏好，并基于相关参数估算支付意愿。实证模型的构建基于随机效用理论，假设消费者在食物消费中的系统效用服从线性关系，则得到如式 (7-1) 所示的实证模型：

$$U_{jt}^i = \alpha_j^i + \beta^i p_{jt} + \gamma^i X_{jt} + Z^i + \epsilon_{jt}^i \tag{7-1}$$

式中，U_{jt}^i 为受访者 i 在消费食品套餐选项 j 的效用；t 为受访者所面临的选择集，即每位受访者面临不同产品属性但相同情景的 4 次选择；α_j^i 为套餐选项的特定常数项（alternative specific constants），捕捉了受访者在产品属性特征相同情况下对不同食品的内在固有偏好，具体而言，由于离散选择实验中已经控制了产品价格、碳排放、原产地、有机性等一系列特征，以及配餐、热量、烹饪方式等其他因素，常数项所体现的是在排除这些因素后，消费者对肉类和素食在味道、质感等方面的个人喜好；p_{jt} 表征食品选项的价格特征，其系数 β^i 反映了消费者对支出成本的边际效用；同样地，X_{jt} 表征套餐中除价格之外的其他属性特征，包括碳排放、原产地以及是否有机；此外，考虑到消费者个体特征对选择偏好的影响，实证模型中纳入了受访者个体特征的协变量 Z^i 来控制这些影响；最后，ϵ_{jt}^i 为模型的随机扰动项，反映了受访者饮食选择中未观测到的非系统效用。

在选择了适当的计量模型进行估计之后，我们就可以根据得到的系数结果进一步计算消费者对不同类型套餐的支付意愿 [式 (7-2)]。WTP_j^i 表示受访者 i 对食品选项 j 的支付意愿

$$\text{WTP}_j^i = -\frac{\alpha_j^i}{\beta^i} \tag{7-2}$$

在系数估计过程中，需要选择一种食品选项作为参照组，本研究选择了肉类作为豆腐和植物肉的参照组。因此，计算出的支付意愿反映了消费者愿意额外支付多少金额从传统肉类转向豆腐和植物肉。如果计算出的支付意愿为负值，则表

明消费者需要得到一定的经济补偿，才能弥补因饮食转变而产生的心理损失，或者说，从肉类转向素食会给消费者带来一定的心理成本。

在模型估计方法的选择上，本研究采用了两种离散选择模型来全面捕捉消费者饮食选择的异质性。第一种方法是混合 logit 模型（mixed logit model），该模型认为消费者的效用参数不是一个特定的估计值，而是一组服从特定分布的估计系数。在模型估计中，我们假定价格系数（β^i）的相反数遵循对数正态分布，从而确保价格系数为负，这符合消费者效用随价格上升而下降的实际情况。同时，我们设定其他属性参数服从正态分布，并使用最大似然估计和大量的随机抽样来进行混合 logit 模型的参数估计。第二种方法是潜类别分析（latent class analysis），也称潜分类 logit 模型。该模型通过分析消费者的选择特征将其分为几个潜在类别，并计算每位消费者属于各个类别的概率。在应用潜类别分析时，关键是要确定最佳的消费者类别数量。因此，我们遵循现有研究的标准做法，使用贝叶斯信息准则（BIC）和赤池信息量准则（AIC）来确定最佳的消费者类别数量。本研究进一步采用方差分析等统计检验方法，比较不同类型的消费者在个体特征和食物选择动机方面的差异。这样的分析有助于揭示消费者群体内部的异质性，为制定更精准的市场策略和政策提供科学依据。

7.3 公众对低碳饮食的态度和认知

本研究首先分析了公众对低碳饮食的态度及对植物肉这一新兴食品的认知。需要说明的是，由于本研究采用网络调查的方式收集问卷，因此样本人口特征并不完全具有代表性，而是更偏向于城市地区年轻、受教育程度高、高收入群体。现有研究发现，这部分群体在饮食方面的碳排放量往往更高（Hjorth et al., 2020；Wang et al., 2022）。因此，本研究重点探讨了如何有效降低这部分高碳足迹人群的肉类消费量，从而为公众低碳饮食转型提供更有针对性的见解。

在所有受访者（2161 名）中，约 66.54% 受访者表示自己非常了解植物肉（包括其成分、生产原理和加工程序）；约 29.53% 的受访者表示听说过植物肉，但对其成分、生产原理和加工程序不甚了解；约 3.93% 的受访者表示从未听说过植物肉（图 7-4）。

根据受访者对植物肉的食用经历分析（图 7-5），仅有约 16.57% 的受访者表示从未吃过植物肉，这一数据反映出目前我国年轻群体对植物肉的了解程度普遍较高，并且大多数已经有品尝过这种新型素食产品的经历。这一观察结果与近期其他研究的结果一致（Chung et al., 2023；Wang et al., 2023）。

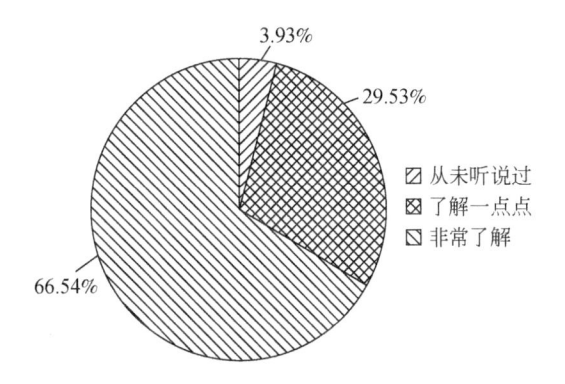

第 7 章 | 中国公众对低碳饮食的消费偏好与意愿

图 7-4 调查受访者对植物肉的认知水平

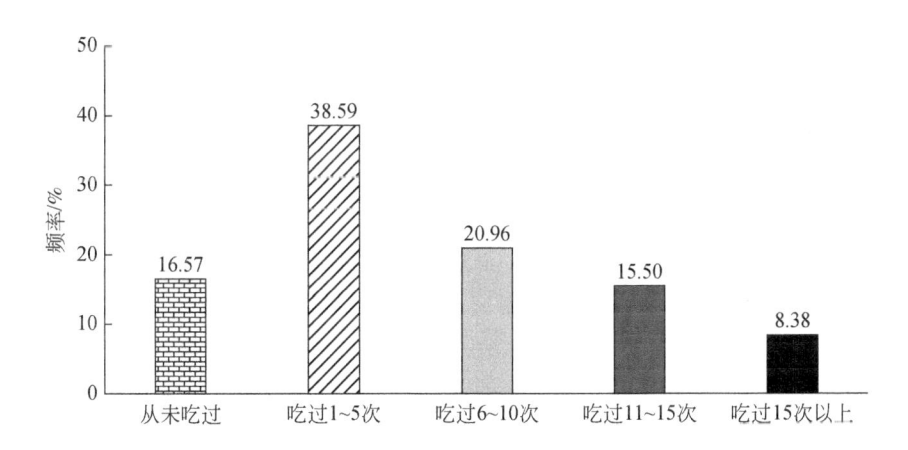

图 7-5 调查受访者食用植物肉的频率

在 83.43% 尝试过植物肉的受访者中，大约一半的受访者仅吃过 1~5 次，而频繁购买和食用植物肉的人群（吃过 15 次以上）仅占样本总数的 8.38%，反映出目前公众植物肉消费行为的另一个特点，购买植物肉往往是为了体验新奇，而非形成长期的消费习惯。这与《天猫植物肉消费人群洞察报告》的调查结果相呼应，该报告指出仅有少数消费者会将植物肉列为个人日常饮食的常规选择，而74%的受访者表示不打算再次购买植物肉产品。因此，在我国推广植物肉作为传统肉类的替代品可能面临较大的挑战。

本研究进一步比较了受访者对传统肉类和植物肉消费的态度（表 7-1）。问卷中提供一系列关于传统肉类和植物肉的陈述，并邀请受访者表达其同意程度。结果显示，超过一半的受访者认同传统肉类消费对健康和动物福利具有影响，然而，仅有 34.54% 的受访者认为传统肉类消费会破坏环境。这表明多数公众对传统肉类消费环境影响的认知极为有限。此外，72.49%的受访者同意吃肉让人快乐。在以往研究中，食用肉类所产生的愉悦感被认为是人们不愿放弃肉食的主要因素（Graça et al., 2015）。

表 7-1 调查受访者对肉类和植物肉的态度 （单位:%）

项目		比例				
		非常不同意	比较不同意	一般	比较同意	非常同意
对肉类消费的态度	吃肉破坏环境	12.47	34.29	18.70	25.70	8.84
	吃肉损害动物福利	12.30	19.10	17.35	28.10	23.15
	杂食有益身体健康	1.80	3.60	8.70	45.09	40.81
	吃肉让人快乐	3.15	6.46	17.90	42.14	30.35
对动物肉和植物肉的看法	动物肉比植物肉的碳排放量更高	1.40	10.20	14.98	49.90	23.52
	动物肉比植物肉的口感更好	4.63	14.25	15.60	35.12	30.40
	动物肉比植物肉更营养	7.75	16.32	16.94	35.50	23.49
	动物肉比植物肉更安全	9.51	23.44	23.30	28.82	14.93

接下来，本研究继续探讨消费者对传统肉类和植物肉在碳排放量、口感、营养和安全等方面的看法。调查结果显示，多数受访者认为动物肉的口感更佳且营养价值更高，但在食品安全方面，对这二者的评价没有显著差异。此外，有73.42%的受访者认同动物肉的碳排放量更高，对生态环境造成的负面影响也更大。

这些发现揭示了中国消费者在肉类及其替代品消费偏好上存在的内在矛盾：虽然人们认识到传统肉类消费对环境、健康和动物福利可能产生不良影响，但他们也认为肉类的口感和营养价值以及食用肉类带来的快乐体验是其他食品难以替代的。这种消费心理体现了环境外部性与个人福利最大化之间的冲突。因此，有必要深入分析影响个人选择肉类及其替代品的因素，并探讨这些选择偏好在不同消费者群体中的差异。

7.4 基于离散选择模型的低碳饮食消费偏好分析

7.4.1 基于混合逻辑模型的偏好估计结果

本节重点讨论基于离散选择模型的公众低碳饮食偏好的计量回归结果，并简要探讨偏好异质性的来源。表7-2展示了基于混合logit模型的估计结果,在回归模型中控制了受访者性别、年龄、受教育程度、收入、家庭规模等个体特征变量。

表7-2 饮食选择的混合logit模型估计结果

项目	估计系数	标准差
价格	-3.618*** (0.146)	0.235 (0.516)
碳排放量	-0.512*** (0.041)	0.745*** (0.065)
有机食品	0.243*** (0.061)	1.957*** (0.248)
国产食品	-0.019 (0.048)	0.876*** (0.221)
常数项-植物肉	-0.777*** (0.283)	0.169*** (0.048)
常数项-豆腐	-1.165*** (0.207)	0.497*** (0.235)
似然比 χ^2	2375.96	
观测值	8644	

注:括号内为系数标准误。***表示系数在1%的水平上显著

模型的估计结果反映出受访者在饮食选择上对不同产品属性的偏好。价格属性的系数为负,表明随着套餐价格的上升,消费者的效用会下降,这与经济学的一般预期相符。此外,食品碳排放量的增加显著降低了消费者的效用,显示出消费者倾向于购买对气候变化和环境更友好的产品。有机食品属性的正系数值表明,消费者对有机食品有着明显的偏好。在产地方面,消费者对本国或进口食品并没有表现出显著的偏好差异。

常数项系数的分析显示,消费者最偏爱传统肉类,其次是植物肉,而对豆腐的偏好最低。这种偏好顺序映射了消费者对肉类食品的普遍偏好,这在许多文化中是根深蒂固的,尤其在那些历史上肉类供应不足的国家。植物肉相对于豆腐更受欢迎,可能是因为它的外观和质地更接近传统肉类,而豆腐与肉类在口味上的差异更为明显。此外,产品属性标准差的估计值表明,除了价格外,所有随机参数的标准差在1%的水平上均显著,这表明消费者对这些产品属性的偏好存在显著异质性。

根据混合 logit 模型的估计结果，可以进一步计算出中国公众对低碳饮食转型的支付意愿。据估算，受访者从传统肉类套餐转变为植物肉套餐的平均支付意愿为-23.88元，而从传统肉类套餐转变为豆腐套餐的平均支付意愿为-44.58元，这意味着，为了激励消费者从传统肉类套餐转向选择植物肉和豆腐的套餐，需要分别向他们提供 23.88 元和 44.58 元的额外补偿。这些支付意愿的估计值也说明了受访者在采取低碳饮食时面临的心理成本，这有助于解释为何仅依靠非经济激励的宣传教育难以引发人们饮食结构的显著变化。

7.4.2 基于潜类别分析模型的消费群体分类结果

为了更细致地分析消费者偏好异质性的来源，并识别具有不同饮食偏好的消费者群体，本研究采用了潜分类 logit 模型评估消费者的饮食偏好。通过比较不同潜在组数模型的信息准则值，我们发现将样本分为 4 个消费群体时，AIC 和 BIC 的值最小，表明这一分类方式为最佳模型设置。

表 7-3 的估计结果揭示了不同消费者群体在低碳饮食偏好上的显著差异。具体来看，第一类消费者的常数项估计值对于两种肉类替代品均显著为负，这表明他们强烈偏好肉类食品，并对素食持有明显的抵触态度。这类消费者可视为肉类

表 7-3 饮食选择的潜在类别模型估计结果

项目	类别 1	类别 2	类别 3	类别 4
价格	-1.365*** (0.274)	-0.024*** (0.004)	-0.189*** (0.020)	-0.008 (0.009)
碳排放量	-1.917*** (0.384)	-0.125*** (0.024)	-18.926*** (3.346)	0.007 (0.012)
有机食品	-19.663*** (4.097)	0.397*** (0.089)	7.084*** (1.206)	-0.060 (0.053)
国产食品	-11.910*** (2.381)	0.166** (0.071)	8.330*** (1.315)	-0.066 (0.054)
常数项-植物肉	-21.757*** (4.480)	1.706*** (0.249)	19.439*** (3.045)	-0.654*** (0.094)
常数项-豆腐	-40.205*** (7.985)	1.465*** (0.241)	-14.270*** (3.010)	-0.813*** (0.094)
潜在类别概率	0.315	0.295	0.349	0.041
观测值	8644	8644	8644	8644

注：括号内为系数标准误。***、** 分别表示系数在1%、5%的水平上显著

食品的忠实爱好者，对素食主义持保守态度。在样本中，约有31.5%的受访者被归类为这一类群体，约占样本总数的1/3。

第二类和第三类消费者的饮食偏好与第一类消费者形成了鲜明对比。对于第二类消费者，模型估计结果显示，豆腐和植物肉的常数项系数显著为正，表明这一群体更倾向于选择植物性食品，而不是肉类食品。这些素食主义的践行者在样本中的比例约为29.5%，与肉类爱好者的比例相当接近。第三类消费者的偏好略有不同，模型估计结果表明，他们对植物肉有着最强的偏好，其次是传统肉类，而对豆腐这一传统素食的偏好最弱。这一类受访者在样本中的占比最高，约占35%。

除了上述三类消费者之外，第四类消费者展现了独特的偏好模式。这类消费者对食材本身有着显著的口味偏好，对传统肉类的偏好最高，其次是植物肉和豆腐，这一偏好顺序与第一类消费者相同。然而，除了常数项之外，其他产品属性的系数并不显著，这表明这类消费者在选择食物时并未形成对其他因素的统一偏好。系数的不显著可能是由于受访者在离散选择实验中采用了相对简化的决策策略，例如，那些本身偏好肉类的消费者可能会直接忽略产品的属性特征，而连续选择肉类套餐。这类消费者在样本中仅占4.1%，因此并不会削弱本研究实验设计的有效性。实际上，消费者对产品属性的忽视或不敏感在现实消费场景中也是常见的，例如，在面对信息过载时，消费者往往会忽略产品的某些属性，这也是一种简化的选择策略。

潜类别分析的结果进一步揭示了不同消费群体在低碳饮食支付意愿上的差异。图7-6展示了各个群体支付意愿的平均值。第四类消费者对植物性食品的支付意愿为负，并且其绝对值在所有类别中最高。其他三类消费群体的支付意愿估计结果与之前的计量分析中显示的内在偏好一致。第一类消费者虽然也表现出对

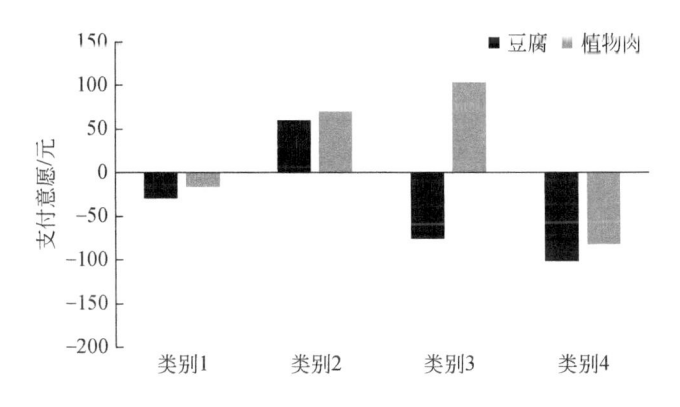

图7-6 不同消费群体的低碳饮食转型支付意愿

素食消费的负支付意愿，但其数值远小于第四类消费者。此外，第二类消费者对转换为植物肉的支付意愿为 69.7 元，而第三类消费者的支付意愿为 102.9 元。这些数值已经接近或超过市场上部分植物肉产品的售价，因此在合适的市场价格下，这两类消费者可能会改变其饮食选择。特别值得注意的是，第二类消费者是唯一对豆腐产生正支付意愿的群体，平均支付意愿约为 60 元。考虑到豆腐的市场价格通常低于一般肉类，这意味着这些消费者更可能实现低碳饮食的转变。

7.4.3 不同偏好消费群体的特征比较

上述离散选择模型的分析结果表明，不同类型的消费者对肉类及其素食替代品的偏好存在明显差异。为了进一步研究不同潜在类别的个体在人口统计学特征以及食物选择动机上的差异，本研究将每位受访者分配到概率最大的消费群体类别中，并运用统计检验方法比较了不同群体之间的差异。

表 7-4 展示了不同偏好消费群体在人口统计学特征上的显著统计差异。具体到不同消费群体，他们在人口统计学特征指标上展现出显著的差异。第一类即偏好肉类群体，是所有类别中男性比例最高、最年轻、未婚比例最高、收入水平最低的群体，这与现有的研究结论一致，即年轻男性群体对肉类消费有着更强烈、更稳定、更持久的偏好。此外，这一消费群体的收入水平也解释了为何在模型估计中价格上涨会对个体效用产生显著影响，因为收入较低的消费者对价格变化更为敏感，价格上涨时他们面临的效用损失也更大。

表 7-4 不同偏好消费群体的人口统计学特征比较

项目	类别 1	类别 2	类别 3	类别 4
性别（男性=1）	0.42 (0.49)	0.39 (0.49)	**0.32** **(0.47)**	0.40 (0.49)
年龄	**27.65** **(7.41)**	32.45 (8.64)	32.07 (8.41)	**29.41*** **(8.82)**
受教育程度（大学毕业=1）	0.96 (0.20)	**0.89** **(0.31)**	0.94 (0.23)	0.93 (0.26)
婚姻状况（已婚=1）	**0.42** **(0.49)**	0.76 (0.43)	0.72 (0.45)	**0.52*** **(0.50)**
个人月收入（万元）	**0.72** **(0.62)**	1.05 (0.68)	1.14 (0.80)	**0.84*** **(0.71)**
家庭年收入（万元）	17.45 (10.10)	**20.43** **(10.16)**	**21.52*** **(10.57)**	18.14 (11.01)

续表

项目	类别1	类别2	类别3	类别4
家庭规模	3.78 (1.20)	3.85 (1.13)	3.85 (1.14)	3.95 (1.29)
观测值	681	638	754	88

注：加粗数字表示与未加粗数字之间存在统计上5%的显著性差异；＊表示粗体数字之间也存在统计上5%的显著差异

相比之下，第二类素食爱好者和第三类偏爱植物肉的消费者在人口统计学特征上呈现出相反的趋势，这两个类别的消费者年龄较大、已婚比例较高、收入水平也较第一类高，这与现有文献相吻合，即年龄较大的消费者更倾向于选择素食，因为这种饮食习惯对于维持健康具有重要作用。偏爱植物肉的群体主要由受教育程度高、收入高的女性组成，这一群体也是目前植物肉市场的主要潜在客户。至于第四类对产品属性不敏感的消费者，他们的人口统计学特征大致位于其他类别之间。

然而在此次调查中，我们的受访者集中于年轻、受教育程度高、收入较高的女性消费者，这可能不足以全面代表中国公众对低碳饮食的消费态度。尽管如此，鉴于年轻群体在饮食上的碳排放量往往较高，并且他们往往具有更强的环境保护意识和气候变化观念，因此聚焦于减少这些高碳足迹消费者的肉类消费更具有针对性的意义。这样的分析研究不仅有助于实现碳减排的公平性，还能为中国未来低碳饮食转型提供科学的参考依据。

表7-5基于食物选择动机理论及其相关度量标准，对不同偏好群体在饮食选择方面的特征进行了量化分析。食物选择动机理论最初由Steptoe等（1995）提出，该理论构建了一个分析框架，将影响人们日常饮食选择的因素划分为健康、情绪、便捷性、感官吸引力、有机、价格、热量、熟悉度和伦理关怀九类。随后，其他研究者根据各自的研究背景对这些因素进行了调整，以适应不同的分析场景。在对中国公众低碳饮食消费模式的分析中，我们也采用了这一框架的调整版，以便更准确地洞察消费者对肉类及其替代品的实际选择行为和情感态度。

表7-5 不同偏好消费群体的饮食选择动机比较

项目	类别1	类别2	类别3	类别4
肉类消费频率（次/周）	7.74 (4.52)	**4.36** **(3.41)**	**5.04** **(3.61)**	**6.49**＊ **(4.22)**
吃肉是否快乐（是=1）	0.82 (0.19)	**0.62** **(0.30)**	**0.71** **(0.24)**	0.77 (0.22)

续表

项目	类别1	类别2	类别3	类别4
对植物肉的了解程度（非常了解=1）	0.14 (0.34)	**0.39** (**0.49**)	**0.43** (**0.49**)	0.18 (0.38)
是否关注食品的营养（是=1）	0.67 (0.47)	0.68 (0.47)	**0.78** (**0.41**)	**0.73*** (**0.45**)
是否关注食品的新鲜度（是=1）	0.51 (0.50)	**0.68** (**0.47**)	**0.71** (**0.45**)	0.56 (0.50)
是否关注食品的应季性（是=1）	0.08 (0.27)	**0.11** (**0.31**)	0.06 (0.24)	0.07 (0.26)
是否关注食品的价格（是=1）	**0.52** (**0.50**)	0.20 (0.40)	0.23 (0.42)	**0.42*** (**0.49**)
是否关注食品的热量（是=1）	0.10 (0.29)	**0.16** (**0.37**)	0.13 (0.33)	0.11 (0.31)
是否关注食品的环境影响（是=1）	**0.05** (**0.21**)	0.26 (0.44)	0.26 (0.44)	**0.08*** (**0.27**)
是否关注食品的动物福利影响（是=1）	0.00 (0.05)	**0.01** (**0.11**)	**0.01** (**0.09**)	0.00 (0.07)
观测值	681	638	754	88

注：加粗数字表示与未加粗数字之间存在统计上5%的显著性差异；*表示粗体数字之间也存在统计上5%的显著差异

从样本总体角度分析，受访者对植物肉这一新型肉类替代品的了解程度相对较高，并且超过半数受访者认为吃肉能带来快乐。就消费者对食品不同属性特征的关注度而言，公众普遍关注所选择的食物的营养以及新鲜度，表明当前消费者最关心的饮食问题是吃得健康，其次是食品价格、热量、应季性以及环境影响。消费者在饮食选择时最不关心的因素是食品是否影响动物福利，有高达99%的受访者表示在选择食物时不会考虑这一因素。因此，虽然食品产业的动物福利问题在西方发达国家已经引起了广泛讨论，但目前中国消费者对此问题的认识和关注度都不高。

比较不同偏好消费群体，可以看出第一类肉食爱好者在日常生活中食用肉类的频率最高，平均每天至少消费一次肉类。相比之下，第二类素食主义者的肉类消费频率最低，平均每周至少有两天不食用肉类。此外，在第一类消费者中，超过80%的人认为吃肉是快乐的来源，这解释了他们在离散选择实验中对肉类套餐的强烈偏好。对于吃肉是否带来快乐这一问题，第二类素食主义者的同意度最低，这与他们对肉类和素食的偏好排序一致。第三类消费者，即对植物肉有强烈偏好的人群，对植物肉的了解程度也最高，其次是第二类素食主义者。而其他两类偏好肉类的消费者对这种新型食品的了解较少，了解植物肉的比例不到前两类消费群体的一半。

在食物选择的关注因素方面，第二类和第三类消费者最重视食物的营养和新鲜度。此外，第二类消费者还对食材的应季性和食物的热量给予了特别关注，这反映出他们对健康饮食的高度重视。不同消费群体在食品价格和环境影响方面的关注度上存在显著差异。在第一类消费者中，有52%的受访者认为价格非常重要，而第二类和第三类消费者中持相同观点的分别只有20%和23%。同时，第二类和第三类消费者中分别有26%的受访者关注食材可能对环境造成的负面影响，而在第一类和第四类消费者中，这一比例分别仅为5%和8%。这些数据显示，素食主义者在选择食物时更加倾向于考虑健康和环境的因素。

7.5　结论与政策建议

本章以低碳饮食转变这一消费端减排行为为切入口，通过问卷调查和实验设计收集数据，了解了消费者对低碳饮食的态度和认知，并估算了他们从传统肉类转向植物性蛋白替代品的支付意愿。这样的分析不仅能够帮助我们深入理解目前低碳饮食转型的挑战和障碍，还为我们从个体福利分析视角理解公众对于减排行为转变的心理成本提供了初步的见解。本章的分析得出了以下几个主要结论。

首先，我们发现中国城市年轻消费者对植物肉这一新型肉类替代品有着较高的认知度，并且大多数有购买和尝试植物肉产品的经历。尽管如此，大多数消费者的尝试行为主要是出于好奇心的驱动，而非打算将植物肉作为传统肉类的长期替代品。在对待传统肉类及植物肉的消费态度上，公众普遍认识到传统肉类消费对个人健康、温室气体排放和动物福利可能产生的不利影响。然而，传统肉类由于具有独特口感、营养价值并给人们带来心理满足感，目前难以被其他植物蛋白食品完全替代。因此，推动公众向低碳饮食转变仍旧是一个重大挑战。

其次，离散选择实验揭示了影响消费者饮食选择的关键因素。平均而言，消费者更倾向于选择价格低廉、碳排放量低和绿色有机的食品。在考虑了这些产品属性后，研究发现，在以传统肉类、豆腐、植物肉为主要原料的3种套餐中，消费者最偏爱传统的肉类套餐，其次是植物肉套餐，而对豆腐套餐的偏好最低。估算结果显示，消费者从传统肉类套餐转向规格相同的豆腐和植物肉套餐的支付意愿分别为−44.58元和−23.88元。这一结果说明，大多数消费者在转向低碳饮食的过程中确实会感受到一定的心理成本。

最后，值得注意的是，不同消费者群体对肉类及其替代品的态度和偏好存在显著差异。大约35%的消费者表现出对植物肉的偏好超过传统肉类，尽管他们对豆腐的偏好仍然不及传统肉类。另有30%的消费者对豆腐和植物肉的偏好均高于传统肉类，由于其素食主义的倾向，这部分消费者在减少传统肉类消费时不太可能遇到心理障碍，因此他们更有可能采纳并坚持低碳饮食模式。

根据上述研究结论，本章就推动中国公众低碳饮食转型的策略提出以下几点建议。

首先，鉴于公众对传统肉类消费在环境和气候变化方面的影响认知仍有提升空间，我们建议通过教育和宣传活动提高消费者的环保意识。研究发现，消费者愿意为减少饮食中的碳排放支付额外费用，因此，可以通过引入碳标签等方式向消费者提供食品碳足迹的明确信息，从而提高公众对传统肉类消费环境影响的认知，并鼓励他们选择低碳排放的饮食选项。

其次，豆腐作为一种价格低廉且被公众广泛认识和接受的植物蛋白食品，其作为肉类替代品可能比植物肉更能够有效地促进消费者的行为改变和减排效果。然而，研究样本显示有35%的消费者对植物肉有积极的支付意愿，而对豆腐的支付意愿却是负面的。鉴于此，政策制定者应重点关注如何影响这部分消费者的偏好，例如，通过媒体宣传和公共教育突出传统植物蛋白食品与新型植物肉之间的相似性和联系，以及它们在促进低碳饮食方面的共同优势。通过这种信息传播和教育引导的方式可以逐步而微妙地影响和转变消费者的饮食选择偏好。

最后，研究指出，虽然消费者对植物肉的支付意愿高于豆腐，但植物肉较高的市场价格仍是人们选择这种新型肉类替代品的主要障碍。为了让植物肉在成本效益上与豆腐相当，其市场价格需要大幅降低，至少降至目前水平的一半。因此，植物肉产业需探索如何通过技术进步、原料成本控制和生产流程优化等方式降低成本，以便在未来以更具有竞争力的价格吸引更广泛的消费群体，从而进一步扩大市场份额。

第 8 章 公众的减排行为动机：个体福利 VS 社会福祉

8.1 研究背景

2023 年中国的温室气体排放量高达 126 亿 t 二氧化碳当量（IEA，2024），相较 2022 年增加了 4.13%。联合国环境规划署的最新估计结果显示，为实现《巴黎协定》1.5℃的温控目标，从 2025 年起全球剩余的碳预算已不足 3600 亿 t 二氧化碳当量。换言之，如果维持 2023 年的排放水平，仅中国便可能在 30 年内耗尽这一预算（United Nations Environment Programme，2024）。这一严峻趋势凸显了一个事实：仅仅依靠以工业、能源和技术革命为主导的供给侧减排措施还不足以实现长期减排目标，中国迫切需要探索新的减排路径。随着对家庭和个人碳排放影响的不断深入研究，需求侧减排策略逐渐展现出其在推动全球气候治理目标快速实现方面的巨大潜力。根据 IPCC 第六次评估报告，到 2050 年，全面覆盖所有行业的需求侧减排战略有望在全球范围内实现 40%~70% 的温室气体减排（IPCC，2023）。

毫无疑问，需求侧减排策略为达成减排目标提供了巨大机遇，然而，其固有的复杂性和独特性也给气候治理带来了挑战。需求侧减排策略的成功实施，归根结底，依赖于家庭和个人的低碳生活方式。目前，关于如何有效促进家庭和个人采取减排行动的研究尚未形成统一看法，这些讨论集中在气候变化认知、态度、信息干预以及行为激励等方面。有研究表明，公众的气候科学知识水平和态度、气候影响感知以及金钱激励措施能够有效推动低碳行为的采纳；然而，也有研究指出，公众对气候变化的认知与实际行为之间存在鸿沟（Wang et al.，2021；Bergquist et al.，2022；Colombo et al.，2023）。这一鸿沟体现在，公众虽然普遍认识到气候变化的威胁，并对全球气候治理和国家应对策略表示支持，但在实际行动上的表现却并不理想。通过深入分析可以发现，这些研究往往未能充分理解目标行动者的决策动机。与供给侧减排侧重于技术革新和减排效率不同，需求侧减排涉及家庭和个人日常消费习惯的根本转变，这些转变实质上触及了个体福利的调整。大多数人往往基于个人成本收益的考量，倾向于做出有利于提升自身福利的决策，这就导致了社会福祉与个人福利之间的冲突，从而限制了具有巨大减排潜力的需求侧减排策略的实施。例如，从社会福祉角度来看，从食用传统肉类转向素食主义的减排效果远胜于简单地在离开房间时关灯的行为，但前者对个人幸福感的潜在负面影响更大。因此，大多数人无须被额外干预或激励就能自发地执行随手关灯这一简单行为。

基于上述讨论，若我们能够设计出更贴近个人低碳行为决策动机的干预措施，政策的影响力无疑将更为显著（张莹等，2021；Yan，2021；IPCC，2023）。在此背景下，一个至关重要且亟待解答的问题是，我们应当如何构建激励机制，以尽可能减少或避免个体在减排过程中福利的损失，并促进公正的气候转型？为了回答上述问题，本章基于北京市居民低碳行为问卷调查数据，展开了以下三方面的研究。

第一，我们从社会福祉视角出发，探究公众是否基于最大化减排收益的动机而采纳减排行为。在现有文献中，减排收益的测量主要分为主观感知和客观收益两种方式，前者反映了公众对低碳行为减排收益的主观看法，而后者则基于碳核算方法对减排收益进行实际计算。若公众对减排收益的主观感知与客观收益相符，则可以预见，对于那些怀有最大化减排收益动机的公众，其采纳低碳行为将与他们的主观感知和客观收益呈现正相关。相反，如果公众的主观感知与客观收益存在偏差，那么具有最大化减排收益动机的公众采纳低碳行为应与他们的主观感知呈正相关。在这种情况下，政策制定者应致力于纠正公众对低碳行为减排收益的误解，以促进具有显著减排潜力的行为的实施。因此，本章首先分析北京市居民采纳12种常见低碳行为的现状，并探讨他们对这些行为减排效果的主观认识、实际减排收益，以及这些因素与行为采纳之间的相互关系。

第二，从个人福利角度出发，深入探讨和分析公众采纳低碳行为的动机。从现实角度来看，虽然需求侧减排的核心目标在于缓解气候危机，但实际上，大部分公众尚未形成通过降低个人碳足迹应对气候变化、提升社会福祉的自觉意识。例如，普通人在日常生活中难以直观感受到减少肉类摄入所带来的碳减排，更难以预见这些行为对未来数十年的气温变化有何影响。相反，他们更容易感受到由肉食转向素食所带来的不适。观察实际行为，我们发现公众的选择往往更倾向于个体的经济理性。例如，相比于转向可持续饮食等虽然具有更佳的减排效果，但需做出较大牺牲的行为，公众更愿意采取诸如随手关灯、购买节能电器等对减排效果和个人生活影响较小的举措（Thøgersen et al.，2009；Hall et al.，2018）。因此，本章从个人成本与收益的视角出发，分析了12种减排行为如何影响个人福利水平，以及这些行为被采纳的情况。

第三，辨识不同特征群体的碳减排行为采纳特点。由于不同特征群体对气候的影响和应对能力存在差异，减排政策也应因地制宜，以促进公平与正义的气候转型。公正性的考量涵盖了代际公正和代内公正两个维度。在代际公正层面，不同代际应共同享有地球上的自然资源和生态环境。若当代人无节制地消耗环境资源，将导致后代面临比前辈更多的气候风险（Thiery et al., 2021）。在代内公正层面，不同社会群体在气候变化的成因、责任、受影响程度和应对能力方面存在显著差异。基于此，我们依据性别、教育水平、年龄、收入等人口统计学特征，分析了公众在需求侧减排行为采纳上的异质性，旨在为推动公平正义的气候转型提供更为精细化的政策建议。

8.2　问卷设计与基本特征

本章数据来源于 2024 年 1～3 月通过在线调研平台对北京市居民低碳行为进行的调查。问卷的设计与实施细节已在第 6 章中详尽阐述，故此处仅对与本研究问题相关的内容进行必要的阐述与补充。

调查问卷主要分为三部分。问卷第一部分，我们搜集了受访者日常生活中的碳密集型活动特征，具体涉及交通出行、能源使用、饮食消费以及日常生活四方面。内容包括但不限于通勤时所使用的交通工具类型、通勤距离、私家车的燃料种类以及年度航空旅行的频率等细节。

问卷第二部分探究受访者对碳减排行为的采纳情况、对碳减排收益的主观认知，以及行为成本的个人感知。在这一部分，关于碳减排行为采纳的提问方式为"您目前是否已经实施了以下低碳行为"。具体列出的 12 种低碳行为包括"从食用肉类转变为食用植物肉""从食用肉类转变为食用豆腐""从驾驶燃油车转变为驾驶新能源汽车""从驾驶私家车或使用打车服务转变为乘坐公共交通工具如公交车或地铁""进行垃圾分类收集与投放""在夏季 11：00　13：00 的用电高峰时段不使用空调""离开房间时随手关灯""购买并使用能效最高的家用电器""购物时不使用塑料袋""避免使用一次性餐具""阅读时选择电子书替代纸质书籍""中短途飞行改为乘坐高铁"。受访者主观碳减排收益感知的问题设置如下："实施以下行为转变一年后，您认为各自的碳减排量如何"，相对应的 3 个选项分别为"减排量非常大""减排量比较大""几乎不减排"。

为了分析主观减排成本感知对行为采纳的影响，问卷设置了两个核心问题，旨在分别了解受访者对于采取每种减排行为后可能产生的经济和心理成本的预期：①设想未来一年您将采取以下行为来降低个人的碳排放。这些行为改变后可能会让您省钱，但也可能会增加您的支出。现在，请您根据自身情况来判断这些行为转变给您消费支出带来的影响。②设想未来一年您将采取以下行为来降低个人的碳排放。但是，做出这些行为改变可能会使您产生不方便、不习惯、不舒适等情绪。现在，请您根据自身情况来判断这些行为转变给您带来的心理影响（用是否快乐来统一衡量）。

问卷采用了利克特五点量表的格式，对经济和心理成本的选项进行了量化赋值。对于经济成本问题，选项包括"大量节省开支""略微节省开支""没有明显影响""略微增加开支""大量增加开支"，这些选项依次被赋予1分、2分、3分、4分、5分的分值；针对心理成本问题，选项包括"非常快乐""比较快乐""没有感觉""比较不快乐""非常不快乐"，同样按照顺序分别赋予1分、2分、3分、4分、5分的分值。得分越高，意味着受访者感知到采纳减排行为所需承担的经济或心理成本越大。

在问卷第三部分，我们搜集了受访者的人口统计学信息，其涵盖了性别、年龄、婚姻状况、教育背景、家庭年收入，以及家庭中未成年子女和老年成员的数量等。为了确保研究样本的广泛代表性，本研究采用了分层抽样的技术，根据性别、年龄和教育水平3个关键维度来筛选样本。此外，我们将调查对象限定为居住在北京市、年龄在18岁以上的非学生群体。在此基础上，我们对问卷的质量进行了严格的把控。经过一系列严密的筛选过程，包括剔除回答不完整和存在单一响应偏差（对一系列相似问题给出相同答案）的问卷，我们最终获得了437份高质量的有效样本。

依据第七次全国人口普查的数据，截至2020年底，北京市男性人口占比为51.14%，而本研究的样本中，男性占比为45.88%。在年龄分布与教育水平方面，本研究的样本集中于年轻一代，其中拥有高中及大学本科学历的人群比例与北京市整体人口结构相似。具体样本结构见表8-1。

表8-1 样本结构 （单位：%）

社会经济特征		样本	北京市居民
性别	男性	45.88	51.14
	女性	54.12	48.86
年龄	20~29岁	24.23	18.47
	30~39岁	37.11	26.37
	40~49岁	17.53	18.28
	50~59岁	14.69	18.43
	>59岁	6.44	18.45

续表

社会经济特征		样本	北京市居民
受教育程度	高中及以下	9.54	31.75
	中专/技校/大专	29.38	20.12
	大学本科	44.59	40.32
	研究生及以上	16.49	7.81
其他	家庭年收入（万元）	19.12	—
	12岁及12岁以下儿童数	0.58	—
	60岁及60岁以上老人数	1.34	—

注：北京市居民性别、年龄与受教育程度数据均来自第七次全国人口普查数据

8.3 社会福祉：碳减排收益感知对减排行为采纳的影响

我们首先统计了12种碳减排行为的总体采纳情况，如表8-2所示。

表8-2 需求侧减排行为采纳情况

领域	需求侧减排行为	采纳率/%	采纳率由高到低排名
交通出行	从驾驶私家车或使用打车服务转变为乘坐公共交通工具如公交车或地铁	80.49	3
	中短途飞行改为乘坐高铁	60.31	7
	从驾驶燃油车转变为驾驶新能源汽车	34.15	9
能源消费	离开房间时随手关灯	97.56	1
	购买并使用能效最高的家用电器	92.24	2
	在夏季11:00~13:00的用电高峰时段不使用空调	31.49	10
饮食消费	避免使用一次性餐具	78.05	5
	从食用肉类转变为食用豆腐	20.40	11
	从食用肉类转变为食用植物肉	17.07	12
日常生活	进行垃圾分类收集与投放	78.94	4
	阅读时选择电子书替代纸质书籍	70.95	6
	购物时不使用塑料袋	50.78	8

气候时代：深度剖析需求侧减排的机遇和挑战

总体来看，北京市居民在若干碳减排行为的选择上展现出显著的统一性。在交通出行方面，超过80%的受访者已从驾驶私家车或使用打车服务转变为乘坐公共交通工具如公交车或地铁。在能源消费方面，超过90%的受访者已形成了离开房间时随手关灯的习惯，并且购买了节能家电。在饮食消费和日常生活方面，近80%的受访者表示在日常生活中会避免使用一次性餐具，并且会进行垃圾分类收集与投放。北京市受访者在这些减排行为上所表现出的广泛共识和积极采纳为政府采取坚决措施推动绿色低碳转型提供了坚实的民众支持基础。

接下来，我们将探讨公众的减排行为采纳是否源于最大化减排收益的动机。图8-1所示的气泡图展示了12种需求侧减排行为的碳减排收益主观排名、客观排名与行为采纳率的关系。每个气泡代表一种减排行为，气泡大小代表各减排行为的采纳率，即样本中已经采纳该行为的受访者比例。气泡越大，意味着采纳率越高。气泡在横轴和纵轴上的位置分别对应于该行为碳减排收益的主观排名和客观排名。

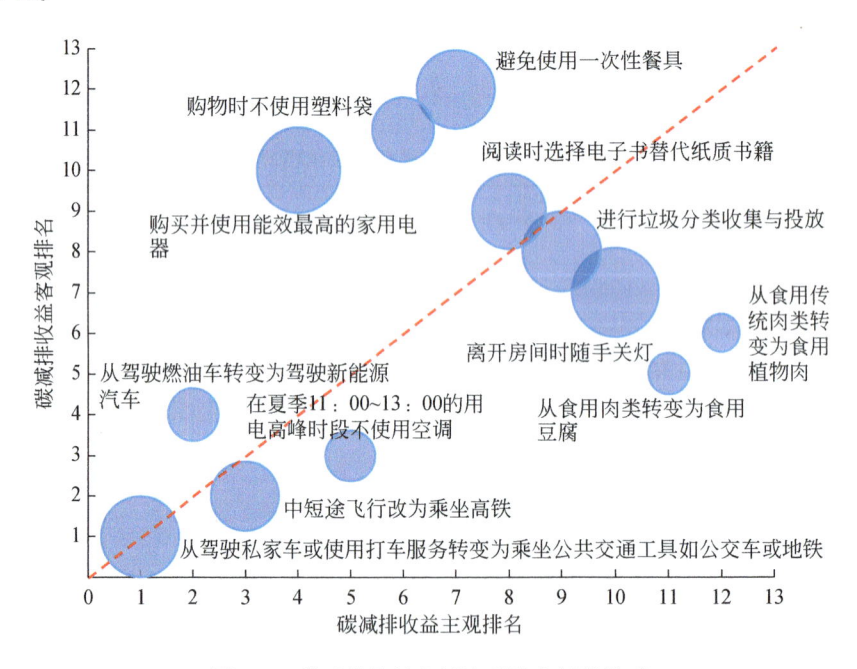

图8-1 碳减排收益和行为采纳之间的关系

碳减排收益的主观排名是通过以下方式计算的：首先，将"几乎不减排""减排量比较大""减排量非常大"这三个选项分别赋予1分、2分、3分的分值；其次，统计各选项的样本数量，并分别乘以相应的分值后求和，得出每种行为的碳减排收益总得分；最后，根据总得分从高到低进行排序，排名越靠前，表明受访者主观上认为该行为的碳减排量在研究的 12 种行为中越高。

碳减排收益的客观排名是基于现有碳足迹核算文献中关于各种行为转变所带来碳减排量的计算结果，按照从高到低的顺序排列而成的。同样地，排名越靠前，意味着该行为的客观碳减排收益越显著（Ivanova et al., 2020）。图 8-1 中的 45°虚线象征着碳减排收益的主观排名与客观排名达到完全一致的状态。气泡分布越是贴近 45°虚线，越表明受访者对低碳行为碳减排收益的主观理解与实际的客观减排收益趋于一致。

根据前述分析，依据碳减排收益的主观排名与客观排名之间的关系，我们可以将追求碳减排收益最大化的受访者的行为采纳率与这两类排名的关系分为两种情况：当主观排名与客观排名较为一致时，公众的行为采纳率将与这两者呈现出相似的正相关联系；反之，若主观排名与客观排名存在差异，行为的采纳率则应与主观排名展现出较强的正相关性。基于这一逻辑推演，图 8-1 展示了以下几项分析结果。

第一，气泡集中在距离 45°线较远的两侧，这表明受访者对于低碳行为碳减排收益的主观评价与客观评价之间存在一定差异。具体来看，位于 45°线左上方的气泡显示，受访者主观上高估了这些行为转变的碳减排收益，包括在购物时不使用塑料袋、购买并使用最高能效的家用电器、避免使用一次性餐具等常见低碳行为；而位于 45°线右下方的气泡则表明，对于某些行为，如从食用肉类转变为食用植物肉、从食用肉类转变为食用豆腐、在夏季 11：00~13：00 的用电高峰时段不使用空调等，受访者对它们减排收益的主观评估低于实际的客观减排收益。

第二，如果受访者确实基于最大化碳减排收益的动机来采取行动，我们预期其行为采纳率将与主观排名呈现出强烈的正相关性，在图 8-1 中应该表现为气泡越靠近纵轴（主观排名越靠前），气泡的面积越大（行为采纳率越高）。然而，我们的研究结果并不支持这一假设。例如，尽管受访者主观上认为从驾驶燃油车转变为驾驶新能源汽车、中短途飞行改为乘坐高铁的减排收益排名较为靠前，但实际上，这些行为的采纳率并不高于那些在主观感知中减排收益排名较为靠后的行为，如离开房间时随手关灯、购买并使用能效最高的家用电器等。

第三，当受访者的行动并非基于最大化碳减排收益的动机时，那他们实际的行为与实现减排目标所必需的行为之间究竟有多大的鸿沟？通过分析行为采纳率与碳减排收益客观排名的关系，我们发现：广泛采纳的低碳行为与实现减排目标的需求之间存在较大差距。在交通出行领域，从驾驶私家车或使用打车服务转变为乘坐公共交通工具如公交车或地铁，这一行为在 12 种行为中具有最高的减排潜力，但即使是在公交地铁网络十分发达的北京市，其采纳率也仅位列第三。客观碳减排收益排名第二和第三的行为，即中短途飞行改为乘坐高铁、从驾驶燃油车转变为驾驶新能源汽车的采纳率均未达到50%。在能源消费领域，离开房间时随手关灯、购买并使用能效最高的家用电器的减排收益远不如减少空调运行时长（Druckman and Jackson, 2010）。尽管如此，仅有大约31.49%的受访者表示在夏季11:00~13:00的用电高峰时段不使用空调。从食用传统肉类转变为食用植物肉或豆腐的减排收益远胜于离开房间时随手关灯或购买并使用能效最高的家用电器等行为，这被认为是减少个人碳足迹极为有效的方式之一（Carlsson-Kanyama and Gonzalez, 2009; Scarborough et al., 2014）。然而，在列出的12种行为中，转向可持续饮食结构的采纳率却是最低的。

当前针对公众实际减排行为的调查研究显示，绝大多数受访者已经开始采取行动以减少个人的碳足迹。然而，上述分析揭示了一个关键问题：公众所采纳的低碳行为或许仅是一种适度的尝试，而非对缓解气候变化具有深远影响的实质性行为转变。

8.4 个体福利：碳减排成本感知对减排行为采纳的影响

先前的分析表明，受访者出于最大化减排收益这一社会福祉动机而采取低碳行为的可能性较低。那么，驱动公众采纳低碳行为的决策动机究竟是什么呢？我们推测，既然这些减排行为并非主要由社会福祉的考量驱动，它们很可能是在个体经济理性的指导下做出的选择。在这种情况下，个体的行为动机往往集中在最大化个人福利上。需求侧的减排行为对个体福利的影响主要体现在两个层面：一是经济成本，如购买新能源汽车所需的经济投入；二是心理成本，如从食用传统肉类转变为食用植物肉可能导致的不愉快感受。为了深入探究公众是否基于最大化个人福利的动机采取低碳行为，我们进一步分析了碳减排行为的心理成本和经济成本与行为采纳率之间的内在联系。如图8-2所示，心理成本的评分1~5分别代表"非常快乐""比较快乐""没有感觉""比较不快乐""非常不快乐"，而经济成本的评分1~5分分别代表"大量节省开支""略微节省开支""没有明显影响""略微增加开支""大量增加开支"。

图8-2传递出的一个明显的结论是，心理成本与需求侧减排行为采纳率之间存在显著的负相关关系，而经济成本对减排行为采纳率的影响则相对较小。

首先，我们分析采纳率最低的两项行为：从食用传统肉类转变为食用植物肉和豆腐。虽然受访者普遍认同这两种转变能够带来一定程度的经济节省（经济成本得分分别为2分和小于3分，表示略微节省开支和没有明显影响），但它们却

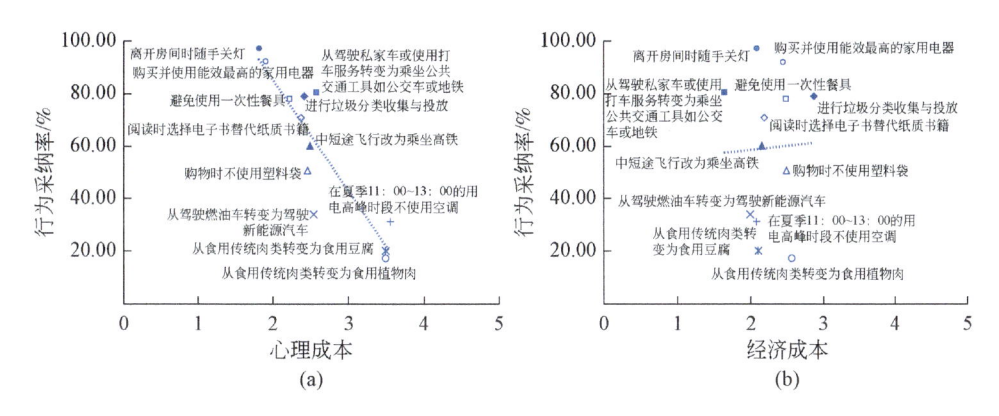

第 8 章 | 公众的减排行为动机：个体福利 VS 社会福祉

图 8-2　减排行为主观成本感知与行为采纳率之间的关系

伴随着较高的心理成本（心理成本得分超过 3 分且接近 4 分，意味着"比较不快乐"），这导致了较低的采纳率。这种心理成本的根源在于植物肉或豆腐与传统肉类在口感上的差异，从而引发了消费者不适的感觉（Hagmann et al., 2019；Rondoni and Grasso, 2021）。同样地，尽管在夏季 11：00～13：00 的用电高峰时段不使用空调、从驾驶燃油车转变为驾驶新能源汽车能够有效减少电费和燃料费用，给个人带来经济上的节省（经济成本得分为 2，表示"略微节省开支"），但受限于受访者对于关闭空调导致的温度不适、充电等待时间以及续航焦虑的心理负担，这两项行为的采纳率同样未能超过 35%。相反，对于一些客观减排收益较低的行为，如购买并使用能效最高的家用电器，以及离开房间时随手关灯，这些行为对个人日常生活的影响相对较小（心理成本得分接近 2），因此，公众对这些行为的采纳率反而相对较高。

此外，值得关注的是，从驾驶私家车或使用打车服务转变为乘坐公共交通工具如公交车或地铁，这一具有显著碳减排收益的行为对公众的心理成本影响并不明显，这或许要归功于北京市完善的公共交通网络。然而，这一现象也提醒政策制定者，在公共交通系统不甚发达的地区，此类减排行为的采纳率可能会更低。相较之下，中短途飞行改为乘坐高铁虽然能够带来一定的经济节省（经济成本得分为 2），但由于出行时间增加等因素导致的心理成本相对较高，其采纳率仅为 60.31%。

通过对碳减排收益和成本感知对行为采纳影响的综合分析，我们可以得出这样的结论：受访者主要基于最大化个人福利的动机来采纳低碳行为。显而易见，即使公众对气候变化和碳减排的相关知识有充分认识，他们也未必会采取那些对气候有实质性影响的减排行为。如果公众将个人生活的其他方面，如时间安排、生活方式或个人幸福感（Whitmarsh et al., 2011；Chai et al., 2015）看得更为重要,那么这种行为的障碍将会更加突出。

为了提出更具体的政策干预策略,我们追问了将某项行为视为非常不快乐的具体原因。表8-3汇报了这一问题的描述性统计结果。

表8-3　影响低碳行为采纳的心理因素　　　　　　　　（单位:%）

问题/选项	选项占比
为什么从驾驶私家车或使用打车服务转变为乘坐公共交通工具如公交车或地铁让您感到非常不快乐?(多选)	
乘公交不如开车或打车舒适	100.00
乘公交花费的时间更多	85.71
公交的等车时间太长	71.43
住所或目的地离公交站太远	57.14
乘公交更消耗体力	42.86
为什么从驾驶燃油车转变为驾驶新能源汽车让您感到非常不快乐?(多选)	
新能源汽车的续航能力更差	100.00
新能源车充电时间太长	87.50
寻找充电站比加油站更困难	87.50
新能源汽车的安全性不如燃油车	62.50
新能源汽车不如燃油车舒适	50.00
为什么中短途飞行改为乘坐高铁让您感到非常不快乐?(多选)	
乘坐高铁花费的时间更长	75.00
高铁的乘车环境不如飞机舒适	25.00
高铁的旅途服务不如飞机好	25.00
高铁的安全性不如飞机	0.00
为什么在夏季11:00~13:00的用电高峰时段不使用空调让您感到非常不快乐?(多选)	
高温让我感到汗流浃背、不舒服	94.67
高温让我感到憋闷、头晕	73.33
高温让我感到烦躁易怒	69.33
高温让我感到疲惫、不舒服	66.67
不开空调会影响家中老人、小孩儿的生活	61.33
高温让我感到头晕、食欲下降	50.67
为什么从食用传统肉类转变为食用植物肉让您感到非常不快乐?(多选)	
植物肉的口感不如普通肉类	78.41
植物肉不如普通肉类更营养、健康	61.36

第 8 章 | 公众的减排行为动机：个体福利 VS 社会福祉

续表

问题/选项	选项占比
植物肉的安全风险更大	64.77
吃植物肉不符合我的宗教文化或信仰	2.27
为什么从食用传统肉类转变为食用豆腐让您感到非常不快乐？（多选）	
豆腐的口感不如普通肉类	87.84
豆腐不如普通肉类更营养、健康	58.11
吃豆腐不符合我的宗教文化或信仰	1.35
为什么进行垃圾分类收集与投放让您感到非常不快乐？（多选）	
不愿意花费额外时间将垃圾分类打包和投放	83.33
住所周边没有足够的分类垃圾箱	83.33
亲手分类垃圾会弄脏双手	66.67
不了解如何正确进行垃圾分类	33.33

正如我们前面的讨论分析，对于那些采纳率较高的行为，如离开房间时随手关灯、购买并使用能效最高的家用电器、在阅读时选择电子书代替纸质书籍、避免使用一次性餐具等，并没有受访者表示这些行为会引发"最不快乐"的心理体验。至于从驾驶私家车或使用打车服务转变为乘坐公共交通工具如公交车或地铁的减排行为，所有感到非常不快乐的受访者均指出，乘坐公交车或地铁的舒适度不及开车或打车，其次是公共交通出行所耗费的时间成本较高（涵盖通勤时间、等待车辆时间，以及从住所到车站的步行时间等）。

在从驾驶燃油车转变为驾驶新能源汽车的过程中，续航能力和充电焦虑构成了阻碍这一行为采纳的主要心理成本因素，这一发现与学术文献中长期以来的研究结果相一致，即续航限制和充电问题一直是制约消费者购买新能源汽车的关键因素（Ma et al.，2019；Ye et al.，2021）。此外，超过60%的受访者表达了对新能源汽车安全性的担忧。对于中短途飞行改为乘坐高铁，时间成本则是最关键的心理成本因素。在夏季11：00~13：00的用电高峰时期，不使用空调导致室内温度上升，进而引起头晕、闷热等生理不适，是阻碍这一行为获得支持的关键因素。对于从食用传统肉类转变为食用植物肉或豆腐，替代品的口感和营养、健康问题是导致这一行为难以被广泛接受的关键原因。在进行垃圾分类收集与投放方面，行为采纳所需的额外时间和缺乏足够的垃圾分类回收设施是影响这一行为转变的主要因素。

8.5 基于人口统计学特征的减排行为采纳异质性

现有研究表明,生活消费行为及其相关的排放量因教育水平、收入等社会经济因素的不同而呈现出差异。因此,深入理解不同人口群体在减排行为采纳上的异质性,对于制定更为精细化的政策以降低排放并推动公平转型具有重要的意义。

图 8-3 展示了不同年龄段群体对减排行为的采纳率。观察发现,大多数具有较高碳减排收益的行为如在夏季 11:00~13:00 的用电高峰时段不使用空调、从食用传统肉类转变为食用植物肉和豆腐、进行垃圾分类收集与投放等的采纳率随着年龄的增长呈现出上升趋势。这一趋势似乎与通常的预期相悖,即年轻群体在减排行为的采纳上应更为积极(Semenza et al., 2008; González-Hernández et al., 2023),因为年轻群体对气候变化的知识更为熟悉,并且他们未来面临气候风险的概率更高。

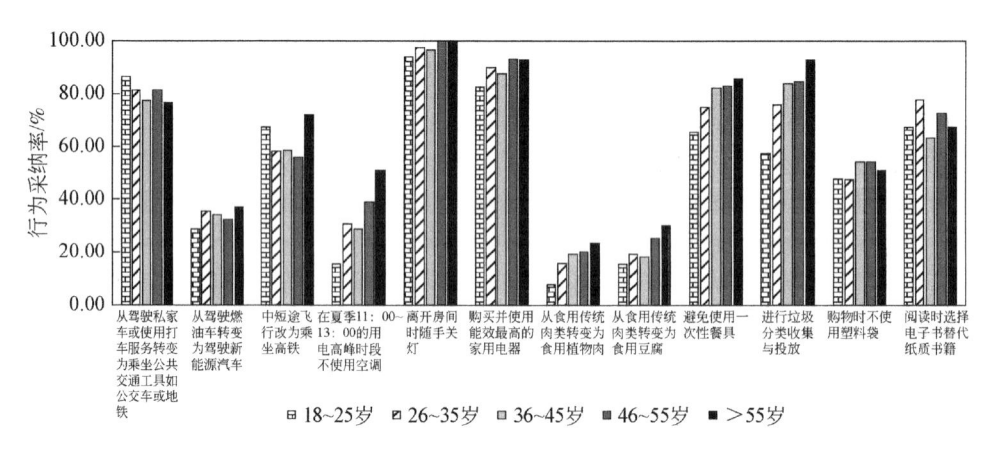

图 8-3 不同年龄受访者的减排行为采纳率

对于这一现象,我们认为年龄差异的分析结果可能与对气候变化的认知无直接关联,而更多地与个人的心理成本偏好相关。年轻群体相较于年长群体,更加重视生活品质和个人感受,因此在采取上述减排行为时,他们感受到的心理成本可能更为显著。鉴于年轻群体将是未来实现碳中和的关键力量,未来的政策设计应当更加关注这一年龄段,针对青年人制定更为有效的激励措施。

图 8-4 揭示了性别和受教育程度对需求侧减排行为采纳率的差异化影响。数据显示,不同行为的采纳率在性别上并未呈现出显著差异,这与大多数现有研究

第 8 章 | 公众的减排行为动机：个体福利 VS 社会福祉

的发现相一致（van Valkengoed and Steg, 2019；Tan-Soo et al., 2023）。然而，与通常的研究结论——教育水平通常与对气候变化的认知或采取减排行动的意愿呈正相关（Semenza et al., 2008；Yang et al., 2014）——形成对比的是，我们发现教育背景在具体行为采纳上的影响力并不显著。

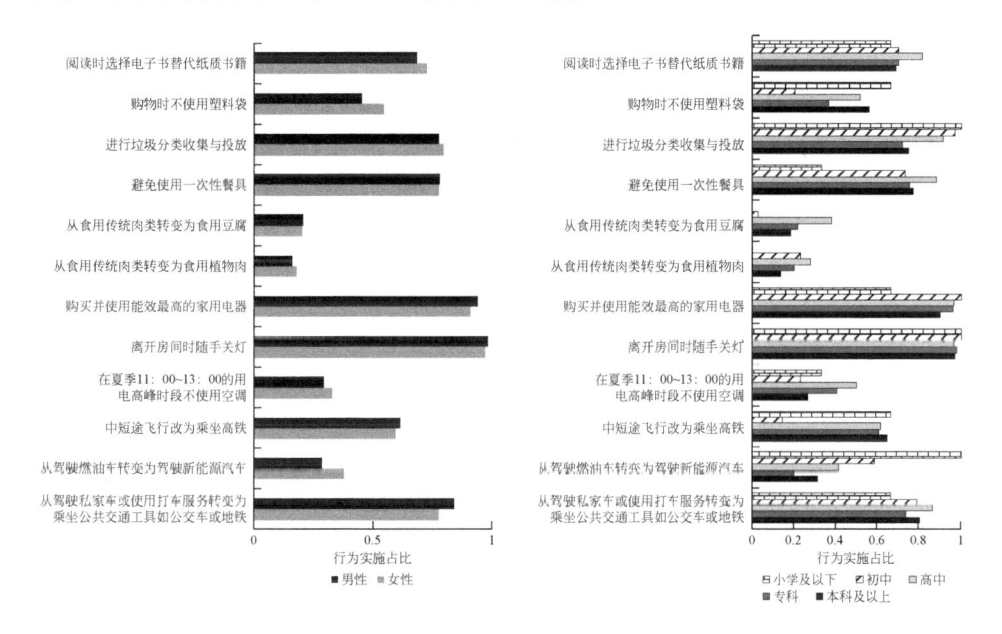

图 8-4 基于性别和受教育程度的减排行为采纳率

更令人意外的是，在诸如进行垃圾分类收集与投放、从食用传统肉类转变为食用豆腐或植物肉、从驾驶燃油车转变为驾驶新能源汽车等行为的采纳上，受教育程度较高的群体反而显示出低于受教育程度较低的群体的采纳率，这一现象可能是由于心理成本因素发挥了关键作用。由于受教育程度往往与收入水平呈正相关，高收入群体在改变他们习以为常的高品质生活方式和消费习惯方面可能面临更大的挑战。

图 8-5 展示了根据家庭年收入分组的减排行为采纳率的描述性统计结果。对于大多数能够显著降低碳排放的行为，如从驾驶燃油车转变为驾驶新能源汽车、在夏季 11：00~13：00 的用电高峰时段不使用空调，以及从食用传统肉类转变为食用植物肉或豆腐，收入最高的群体却表现出了最低的采纳率。这一现象表明，高收入群体在气候减排方面的贡献并不与其碳排放量成正比。

研究指出，全球收入前 10% 的群体的人均环境足迹是后 10% 消费群体的 4.2~77 倍；若全球前 20% 的消费群体能够减少过度消费并转变消费模式，全球环境压力有望降低 25%~53%（Tian et al., 2024）。特别值得注意的是，食品和

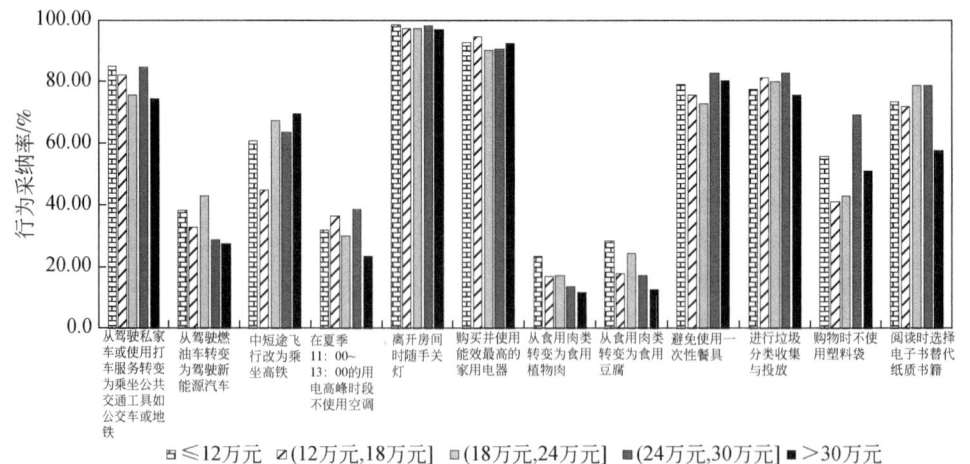

图 8-5 基于家庭年收入的减排行为采纳率

服务行业被视为具有巨大碳减排潜力的领域，高收入群体通过改变饮食习惯，有望节省全球 32.4% 的排放量（Li et al., 2024）。

8.6 结论与政策建议

需求侧减排为实现全球气候目标提供了巨大的潜力和机遇，也深刻重塑了社会各界对气候治理策略的理解。然而，需求侧减排的特性在于其复杂性和多样性，它涉及减排收益、个体福利和公平正义等多个维度。在我国碳预算空间日益紧缩、碳排放量持续攀升的大背景下，深入探讨需求侧减排行为的采纳动机，对于推进气候治理进程、保障民众福祉以及促进气候公正转型显得尤为关键。

鉴于此，本章依托北京市居民低碳行为调查问卷，分析了 12 种常见需求侧减排行为的采纳现状，以及这些行为与公众对减排收益的主观感知和客观碳减排收益之间的关系。研究发现，公众在实际生活中更倾向于采纳对气候影响较小的减排行为，而非那些具有更大减排潜力的生活方式变革。本研究进一步揭示了个人基于最大化个体福利的减排行为采纳动机，并强调心理成本在这一过程中的核心作用。异质性分析显示，不同社会群体在减排行为的采纳上存在显著的不平等现象。

基于上述结论，本章提出以下政策建议。

第一，巩固气候教育成果，提升公众减排认知水平。当前，中国公众对气候变化治理和政府应对气候变化的行动给予了高度支持，这反映出中国在气候变化的传播与教育方面已取得显著成效。然而，中国仍面临公众减排认知不足、行为采纳动机不明确、需求侧减排潜力尚未充分挖掘等挑战。本章研究发现，公众对于一些较为陌生且政府未广泛推广的碳减排行为的认知与实际情况存在较大偏差，产生这一偏差的原因是多方面的。例如，气候传播和政策过多地鼓励采纳一些常见行为，却未明确其具体的减排潜力；而对于一些减排收益高的行为，却鲜少进行普及。因此，未来的气候传播教育应构建完善的系统化需求侧减排知识体系，以缩小这些认知差距。

第二，从个体福利视角出发，激发减排行为动机。我们的分析强调了从个体福利角度理解气候变化行动采纳动机的重要性。研究发现，公众的碳减排行为决策深受消费欲望、时间精力等心理负担的影响，这使得他们不太可能基于最大化减排收益的动机采纳减排行为，而更倾向于从个人成本收益的角度出发，选择对自身福利影响最小的行为。为促进需求侧减排行为的广泛采纳，政策制定者可采取以下措施：一是培育公众超越个人利益的价值观，如利他主义、社会公平、环保意识等。研究表明，重视超越自我利益价值观的人更可能将高水平的气候变化认知转化为实际行动（Bergquist et al.，2022）。二是通过完善绿色基础设施，为低碳行为提供更多选择，降低采纳减排行为的系统性成本。例如，加大新能源汽车充电基础设施建设，减少公众对新能源车续航和充电的担忧，鼓励其购买和使用新能源汽车（李晓敏等，2020）。对于空调需求侧响应，可推广储能技术的应用（童亦斌等，2017），使家庭在用电高峰期通过集中式储能供电，保持室内舒适度的同时完成负荷响应。

第三，关注个体特征差异，精准施策推动需求侧减排。异质性分析结果显示，年轻、受教育程度较高以及高收入群体在减排行为选择上与其心理成本相吻合。因此，针对不同群体，应量身定制政策。例如，对于高收入群体，可通过改善烹饪方式和原料成分，提升健康、以植物为基础的食品的口感和营养价值，降低饮食结构转变的心理成本。相比之下，单纯征收肉类消费税可能效果有限，因为这部分人群对肉类价格上涨不敏感。针对年轻群体，关键在于他们未经历过上一代的物质紧缺生活，长期形成的优越生活习惯和个人消费主义难以改变（Stevenson et al.，2014）。一方面，对于更关注个体利益的年轻群体，将减排收益内在化的气候变化沟通策略可能在一定程度上激发其主动行为转变。例如，宣传减少传统肉类摄入对个人健康的好处、步行骑行有助于锻炼身体，以提高采取低碳行为的可能性。另一方面，鼓励渐进式改变可能有助于减少一次性彻底转变带来的心理成本。例如，鼓励逐步减少红肉摄入量、每年减少一次乘飞机出行等，而非立即成为素食主义者或完全放弃乘飞机出行。综上所述，采用精心设计的政策和措施，有望促进需求侧减排措施的广泛采纳，为全球气候治理目标贡献力量。

第9章 寻找需求侧减排行为中的"低垂的果实"

9.1 研究背景

需求侧减排在应对气候变化方面扮演着至关重要的角色。从经济活动的本质来看，消费既是生产的终极目标，又是碳排放的根本源头。因此，引导需求侧碳排放的下降，相较于供给侧减排，能够提供更为持久和深远的动力（王灿等，2022；刘文玲等，2022）。根据 IPCC 第六次评估报告，针对建筑、交通和食品 3 个关键的需求侧部门实施减排措施，有潜力使全球温室气体排放量减少 40%~70%。显然，作为需求侧核心的个人与家庭，其在低碳减排方面对于抑制全球变暖具有决定性的影响。虽然科学研究已经明确需求侧减排的巨大潜力，政府和社会各界也普遍认同降低个人碳排放的重要性，但数据显示，目前主动采取减排措施的个体比例仍然不高（Creutzig et al., 2021；Grummon et al., 2023）。

在现有文献中，众多研究致力于探讨如何通过设计有效的激励机制来提升公众采纳环保行为的意愿。早期的研究主要从行为经济学和心理学的视角出发，研究如何激励人们采取节能和环保行为，以推动可持续发展。例如，Allcott（2011）进行的一项大型随机对照试验发现，向家庭提供邻居的用电信息可以显著降低他们的用电量，这表明社会比较机制能有效促进家庭节能行为。受到这一开创性研究的启发，后续学者进一步探索了非经济激励措施，如信息干预、亲身参与和社群比较等，在培养绿色低碳行为方面的效果（Cohen and Vandenbergh, 2012；Costa & Kahn, 2013；Ferraro and Price, 2013）。然而，随着研究的深入，人们发现这些在短期内有效的干预措施往往难以激励公众做出长期的持续改变。例如，Nisa 等（2019）对大量基于随机对照试验的研究进行文献计量分析后指出，一旦干预措施停止，人们所采取的低碳行为往往会迅速恢复到原有水平。此外，这些实验研究往往聚焦于对节能减排影响较小的行为，如随手关灯、双面打印、避免电器待机、不使用一次性塑料袋等。因此，这些研究结果可能难以推广到减排效果更为显著的行为，如以公共交通代替私家车、采用素食饮食、减少乘飞机出行等，从而无法实现需求侧碳排放量的实质性减少。

另一类研究文献专注于分析和比较不同绿色低碳行为的减排效果，旨在鼓励公众实施那些具有最大减排潜力的行为（Creutzig et al., 2016；Ivanova et al., 2020）。例如，在一项具有代表性的研究中，Wynes 和 Nicholas（2017）通过文献回顾估算出了 12 种需求侧减排行为每年的减排量，并将这些行为与政策宣传和教育中推广的低碳行为进行了对比。研究结果显示，政府和学校在宣传教育中往往更倾向于推广那些对气候变化影响较小的行为，而忽视了那些能够显著减少个人碳足迹的行为。该研究推荐了 4 种减排效果较好的行为，包括减少生育、避免使用私家车通勤、避免乘坐飞机、从肉食转向素食。据估计，这些行为每年产生的减排量是节约用水、减少包装浪费、使用节能灯泡等行为的数倍甚至数十倍。这些发现强调了在公众教育和政策制定中，应当更加重视那些能够带来更大减排收益的行为。

然而，文献中常被忽视的一个关键问题是，为何那些减排效果显著的行为未能被公众广泛采纳并持续执行。从经济学的视角来看，这些行为未被采纳的原因是它们可能会降低个人的效用或福利水平。例如，一系列调查和实地实验研究表明，虽然公众环保意识的提升可能会促使他们采取成本较低的绿色行动，但对于成本较高的行为却影响甚微（van der Linden, 2018）。此外，环境健康和发展经济学的文献也指出，在贫困地区，家庭是否采用改良炉灶、卫生厕所等设施往往取决于这些设施的成本是否足够低（Jeuland et al., 2018）。因此，人们对于采取那些减排效果显著的行为持谨慎态度，在很大程度上是因为这些行为转变可能会增加他们的消费支出或心理成本，进而影响个人福利水平。基于这些分析，可以合理假设：只有当低碳减排行为能够提升个人福利时，公众才可能自愿采取这些行为。这意味着，在设计减排策略时，需要考虑到个人福利的保障，以促进公众积极参与和持续实践。

从上述分析中可以看出，要有效推动需求侧减排，关键在于深入理解个体在行为转变过程中所面临的成本与收益。然而，现有文献中鲜有研究从个人参与的角度出发，探讨低碳行为对个人经济或福利的影响。在少数相关研究中，如 Creutzig 等（2021）通过专家评估的方法对 306 种低碳减排行为组合的福利影响进行了评分，发现近 80% 的低碳行为能够提升个人的福利水平。尽管如此，由于专家评估的主观性和评价过程的透明度问题，这一结论的现实可靠性仍有待验证。本书第 8 章基于公众主观评估的方法，从个人福利影响的角度分析了为何公众在现实中往往不会选择最有效的减排措施。为了更科学且有说服力地回答上述问题，本章进一步提出了一种成本收益分析框架，从更客观的角度评估个人采取低碳减排行为对其福利水平的影响，并衡量这些行为的减排效果，从而识别出需求侧减排中的"低垂的果实"。应用这一分析框架，本章结合北京市的实际数据，计算了采取 12 种常见低碳减排行为对个人福利水平的具体影响。

要强调的是，虽然本研究的结果是在北京市特定的社会经济背景下得出的，但所采用的研究方法和分析框架具有普遍适用性，可以轻易地被应用于其他地区。此外，随着全球越来越多城市致力于实现碳达峰并朝着碳中和的目标努力，本研究的结果不仅可以为北京市提供需求侧气候减排策略的参考，还可以为其他城市制定减排政策和措施提供有价值的借鉴和启示。

9.2 需求侧减排行为的成本-收益分析框架

9.2.1 成本-收益分析边界

为了深入分析公众低碳减排行为的成本与收益，本研究首先回顾了当前广泛推广的一系列低碳行为，以确定哪些行为应纳入分析范畴。通过广泛查阅相关学术文献和政府工作报告，本研究筛选出了三百多种低碳行为中最受推崇的 12 种，这些行为覆盖了交通出行、能源使用、饮食消费和日常生活四大需求侧部门，每个部门选取了 3 种具体行为。

具体而言，交通出行领域的行为包括：①使用公共交通工具如公交车或地铁替代私家车出行；②选择驾驶或乘坐新能源汽车而非燃油车；③在中短途旅行中选择高铁而非飞机。能源使用领域的行为包括：①在夏季高峰用电时段避免开启空调；②在家电性能相似时选择节能型而非最便宜的家电；③离开房间时随手关灯。饮食消费领域的行为包括：①用植物肉替代传统肉类；②用豆腐替代传统肉类；③尽量避免购买和使用一次性餐具。日常生活领域的行为包括：①分类收集和投放生活垃圾；②购物时避免使用一次性塑料袋；③阅读时选择电子书而非纸质书。

为了简化分析，本研究假设个人采取的低碳行为是一种彻底的转变。例如，在分析中，我们假设个人的所有私家车出行都被公共交通工具完全替代，或者每餐中的肉类都被素食完全替代。因此，基于成本-收益分析的计算结果反映的是公众完全采取低碳行为后的情况。然而，现实中个人行为的转变通常不会如此彻底，因此实际推行低碳行为的福利影响可能会低于本研究的结果。

在确定了 12 种低碳减排行为之后，本研究详细列出了每种行为转变可能带来的成本和收益（表9-1）。这些成本可以分为货币化成本和非货币化成本两大类。货币化成本指的是行为转变可能引起的、可以用货币衡量的消费支出变化。非货币化成本则进一步细分为心理成本、注意力成本和时间成本。心理成本涉及行为转变带来的心理负担,如夏季不开空调可能引起的烦躁。注意力成本是指采取减排行为时需要的额外关注和精力,如提醒自己关灯。时间成本则是将实施低碳行为所需的额外时间转换为货币价值的成本,如花费时间对垃圾进行分类和投放。通过这种细致的成本-收益分析,本研究旨在为公众提供一个全面的视角,以理解采取低碳减排行为对其个人福祉的潜在影响,同时为政策制定者提供了制定有效减排策略的依据。

表9-1 本研究选取的低碳减排行为及其成本-收益构成

领域	行为	货币化成本	非货币化成本
交通出行	使用公共交通工具如公交车和地铁替代私家车出行	购车成本 维护成本 出行成本	时间成本 心理成本
	选择驾驶或乘坐新能源车而非燃油车	购车成本 维护成本 燃料成本	充电时间成本
	在中短途旅行中选择高铁而非飞机	出行成本	时间成本 延误取消成本
能源使用	在夏季高峰用电时段避免开启空调	用电成本	不适成本
	在家电性能相似时选择节能型而非最便宜的家电	购买成本 用电成本	无
	离开房间时随手关灯	用电成本	注意力成本
饮食消费	用植物肉替代传统肉类	购买成本	心理成本
	用豆腐替代肉类	购买成本	心理成本
	尽量避免购买和使用一次性餐具	购买成本	清洁时间成本
日常生活	分类收集和投放生活垃圾	无	分类时间成本
	购物时避免使用一次性塑料袋	购买成本	注意力成本
	阅读时选择电子书而非纸质书	购书成本 电子阅读器成本	无

需要指出的是,在评估每项低碳行为的成本收益时,本研究做出了一项关键假设:公众在决定是否改变行为时,通常不会考虑这些行为转变带来的外部性成本或收益,如对气候变化、生态环境和社会凝聚力的影响。这一假设更加贴近现实生活中的个体决策过程。现有研究也表明,消费者在考虑是否改变自己的行为时,往往不会将可能的外部性问题纳入考量(Gifford, 2011)。

本研究通过文献回顾和实际数据对每种行为的成本和收益进行了量化分析，除了估算行为转变对福利的影响，还评估了每种行为的减排潜力。减排量的计算基于行为的活动水平乘以排放因子：活动水平指的是个人在某行为上的活动量，如交通出行频率、食物摄入量、购物次数等（本研究假设行为改变前后的活动水平保持恒定，即不考虑回弹效应）；排放因子指的是单位活动量产生的碳排放量。我们全面回顾了与低碳行为相关的生命周期评估文献，以确定每种行为的排放因子。通过计算行为转变前后的排放因子差异，并乘以实际的活动水平，得出了采取低碳行为所能实现的温室气体减排量。

9.2.2 成本-收益分析实例

在探讨不同减排行为的成本收益时，我们必须考虑到众多参数的选择与设定。鉴于篇幅限制，本节将以"使用公共交通工具如公交车或地铁替代私家车出行"作为具体的低碳减排实践案例，阐述如何计算此类行为转变的成本与收益，并说明相关参数选择的依据。

首先，本研究设定一个假设情景：在北京市，所有私家车出行均被地铁、公交车、自行车、步行或它们的组合替代。在此基础上，我们将分析这一行为转变对个人福利的主要影响：①车辆拥有成本的变化；②出行成本的变化；③时间成本的变化；④心理成本的变化。接下来，本研究将逐一详细阐述这些成本变化的具体计算方法。

首先，当个人决定不再使用私家车出行时，他们将节省下购买和维护汽车的相关费用。由于公共交通工具的使用不涉及此类成本，因此这些节省下来的费用可以视为行为转变带来的福利收益。本研究采用了一种方法来计算这些节省的成本，将汽车的购买价格平均分摊到每年的费用中。参考 Ouyang 等（2021）的研究，我们设定了车辆的使用寿命为 10 年，贴现率为 5%，净残值率为 5%。根据全球汽车市场研究机构 JATO Dynamics 的数据，北京市的平均汽车零售价格为 34.43 万元，因此每年的平均摊销成本约为 2.44 万元。此外，车辆的运维成本包括保险、日常维护、停车费和过路费。根据北京交通发展研究院的统计数据，这些费用每年的总成本为 14 337 元。为了计算个人层面的私家车保有成本，本研究将车辆的购买和运维成本除以每次乘车的平均人数。据此，得出个人每年的私家车保有成本为 20 802 元。

其次，出行成本的变化反映在私家车燃油支出与公共交通票价支出之间的差额上。为了精确计算私家车驾驶的燃料成本，本研究首先确定了北京市每辆车每年的平均行驶里程，然后乘以车辆的百公里油耗，以此计算出每年每车的实际燃油消耗量。接着，将这个消耗量乘以汽油的市场价格，得出每辆车每年的燃料成本。同理，通过将车辆层面的成本分配到个人层面，我们估计个人每年的燃料成本大约为 2179 元。在公共交通方面，本研究将出行次数和单次出行的平均票价相乘来计算每人每年的公共交通出行成本。这些票价数据来源于针对北京市居民的问卷调查结果（Zhao and Zhang, 2019；Quan and Xie, 2022），根据计算结果，如果北京市的所有私家车出行都由公共交通替代，个人每年将承担 3173 元的公共交通出行成本。将这两部分成本相加，我们得到出行方面的个人福利变化为 −994 元/a，意味着从私家车转向公共交通会导致出行成本的福利损失。

再次，我们考虑私家车与公共交通在时间成本上的差异。根据北京市交通委员会的统计数据，对于相同的行程，乘坐公共交通比驾驶私家车平均多耗时约 15min。从经济学角度来看，这些额外的时间如果用于其他活动，则会产生机会成本。本研究借鉴相关文献，采用基于小时工资的方法来量化时间的机会成本（Egan et al., 2009；Huhtala and Lankia, 2012）。这种方法假设时间成本与个人小时工资成正比，通常将小时工资的 25% 作为下限，将全部小时工资作为上限。据此，我们计算出的平均时间成本为 36.1 元/h。将这个数值乘以行为转变导致的出行时间差异，我们得到行为转变后个人时间成本的变化约为 −5710 元/a，表明转向公共交通后，个人将面临更高的时间成本。

最后，考虑到私家车出行在便捷性、舒适性、私密性等方面明显优于公共交通，鼓励人们放弃开车可能会带来显著的心理成本。本研究采用了两种方法来衡量这种非货币化的心理成本。第一种方法是参考基于条件价值评估的文献，这些研究通常直接询问受访者需要多少经济激励才愿意放弃汽车出行。例如，一项波兰的调查显示，平均每月 300 欧元的经济补偿可以使约 50% 的受访者转向公共交通，而增加到每月 700 欧元则可以将这一比例提升至 90%（Urbanek, 2021）。第二种方法是基于随机控制试验（RCTs）的结果来计算行为转变的心理成本。例如，Thøgersen（2009）发现，向丹麦市民提供每月 133 欧元的免费公交卡可以将他们从私家车转向公共交通的概率提高 50%。本研究综合了这两种方法的结果，并通过福利转换（benefit transfer）将这些来自其他国家的研究结果转换为北京市 2019 年的货币价值，据此估算出个人从私家车向公共交通转变的心理成本约为 16 547 元/a。这一显著的数值表明，放弃开车对车主来说是一个重大的心理负担。

综合上述四方面的福利影响，本研究计算出北京市居民从私家车转向公共交通出行的人均年度福利变化为 −2449 元/a，这意味着，如果目前所有私家车主都转变为使用公共交通出行，那么平均每个人每年的福利水平将减少约 2449 元。

9.2.3 蒙特卡罗模拟

前述案例展示了针对特定行为的平均福利影响计算，然而，现实中公众的福利变化可能呈现出显著的差异性。例如，对于日常通勤距离较远的个人来说，私家车的燃油成本优势可能会减弱，而公共交通的时间成本可能会更高。另外，市场上私家车价格差异显著，导致不同车主的车辆购买成本各不相同。

为了更精确地把握公众低碳行为转变后的福利分布，本研究采用了蒙特卡罗模拟法。这种方法通过对已知的成本-收益参数进行随机抽样，计算出行为转变带来的福利变化水平的分布情况。具体来说，本研究首先建立了一个尽可能反映现实并允许不确定性的参数信息库，其中每个参数的取值范围、分布类型和参数间的相关性都来源于文献资料和研究人员的专业判断。在这个基础上，允许所有参数在其各自的取值范围内随机变化，通过 10 000 次随机抽样，获得了在众多不确定因素综合影响下的个人福利水平分布特征。与传统基于平均值估计或最佳-最差情景估计的方法相比，这种基于概率分布的成本-收益分析更能有效地处理结果的不确定性。

9.2.4 单因素敏感性分析

本章的第三部分旨在评估与减排行为相关的各个参数对个人福利变化的独立影响。单因素敏感性分析同样基于成本-收益分析中每个参数的统计分布。在这种分析中，我们保持其他参数不变，单独将一个与减排行为相关的参数的 10% 和 90% 分位数替换为其平均值，然后计算由此参数变动引起的福利变化。通过比较每个参数从 10% 到 90% 分位数的福利变化范围，我们可以直观地识别哪些参数的变动对激励公众采取低碳减排行为的成效最显著。这种敏感性分析为政策制定提供了重要的参考依据。例如，对于私家车转向公共交通的行为，如果调整公共交通票价带来的福利影响远超过调整燃油价格的影响，那么基于公共交通票价的政策调整可能更有效地激励公众采取这一低碳行为。

9.3 需求侧减排行为的成本-收益分析结果

9.3.1 行为转变的个体福利影响

图 9-1 基于蒙特卡罗模拟展示了 12 种需求侧减排行为对个人福利水平的影

响分布，并按照每种行为的平均福利影响由高到低进行了排序。

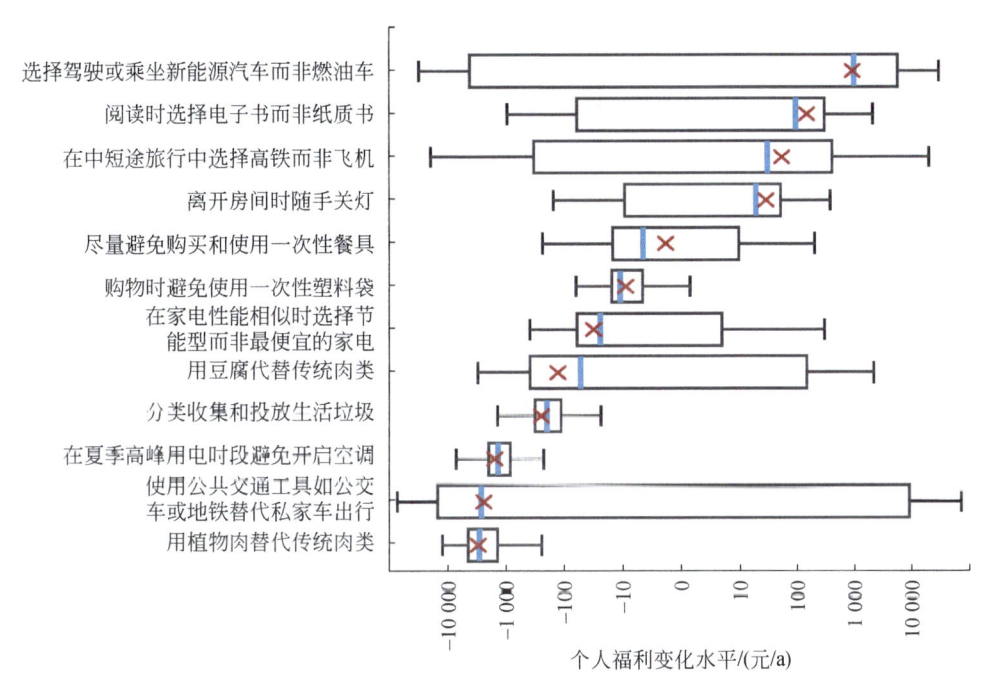

图 9-1　需求侧减排行为对个人福利水平的影响分布

注：箱线图中的叉号表示均值，上下边线表示四分位数，中部粗线表示中位数

在所研究的 12 种低碳减排行为中，有 8 种行为的平均福利影响为负，表明这些行为可能会降低个人的福利水平。另外 4 种行为则具有积极影响，但对福利的改变程度不大。这一发现与现实情况相符，反映出鼓励个人采取低碳减排行为通常会对他们的福利水平产生负面影响，而这也是需求侧减排措施在现实中效果有限的原因之一。

具体来看，本研究发现 4 种行为能够带来福利的改善。这些包括：驾驶或乘坐新能源汽车而非燃油车（福利提升 951.2 元/a）；阅读选择电子书而非纸质书（福利提升 186.6 元/a）；在中短途旅行中选择高铁而非飞机（福利提升 64.6 元/a）；离开房间时随手关灯（福利提升 20.2 元/a）。然而，其余 8 种行为导致的福利损失较大，并且完全抵消了所有福利增益行为的影响。对个人福利水平负面影响最大的 3 种行为是在夏季高峰用电时段避免开启空调（福利损失 1582.8 元/a）；使用公共交通工具如公交车或地铁替代私家车出行（福利损失 2448.9 元/a）；用植物肉替代传统肉食（福利损失 3179.7 元/a）。

基于福利变化均值的分析虽然揭示了需求侧减排行为对公众福利的总体影

响,但并未展示这些影响的分布情况。因此,本研究通过分析箱线图中的四分位距,进一步探究哪些减排行为更有可能给更多个体带来福利收益。首先,分类收集和投放生活垃圾、在夏季高峰用电时段避免开启空调、用植物肉替代传统肉类、购物时避免使用一次性塑料袋等行为对北京市公众的福利水平提升可能性较小,因为这些行为对应的福利分布几乎完全位于图9-1的负值区域。然而,本研究也发现,虽然某些行为的平均福利影响为负,但它们仍有可能为一部分人带来福利上的改善。例如,虽然从私家车转向公共交通给个人带来的平均福利损失为2448.9元/a,但大约有45%的人群可能会因为采取这一行动而获得福利上的提升。

9.3.2 行为转变的成本有效性分析

对决策者或政策制定者而言,除了要掌握每种需求侧减排行为对公众福利水平的影响以外,还应当兼顾每种行为的碳减排潜力。本研究通过文献调查确定了每种行为的排放因子,并据此计算出个人采取该行为每年能实现的温室气体减排量。通过将每项行为对个人福利影响的平均值除以相应的减排量,本研究进一步得出了每种行为的平均净减排成本,这一指标体现了不同低碳减排行为的成本有效性(cost-effectiveness)。比较不同行为的成本有效性有助于决策者识别出那些减排效果显著而个人福利影响较小的行为,即"低垂的果实"。政策制定者针对这些行为实施激励措施,就可以更有效地推动需求侧减排,实现事半功倍的效果。

表9-2综合了12种需求侧减排行为对个体福利水平影响、减排量及单位减排成本的平均数据。从各项行为的减排成本可以看出,与当前中国全国碳市场的碳价(90元/t)和欧盟碳市场的碳价(670元/t)相比,通过需求侧推动个人减排的成本明显更高。在这12种行为中,单位减排成本最高的前三位分别是用植物肉替代传统肉类(24 214元/t CO_2e)、尽量避免购买和使用一次性餐具(10 548.7元/t CO_2e)以及在夏季高峰用电时段避免开启空调(7286.6元/t CO_2e)。这些数据进一步凸显了推动公众需求侧减排的挑战,因为这些减排措施不仅可能降低多数人的福利水平,而且成本收益也不高。

表9-2 需求侧减排行为的成本有效性分析结果

行为	福利影响 /[元/(人·a)]	减排量 /[kg/(人·a)]	单位减排成本 /(元/t CO_2e)
使用公共交通工具如公交车或地铁替代私家车出行	-2 448.9	486.1	5 037.9
选择驾驶或乘坐新能源汽车而非燃油车	951.2	152.2	-6 250.6

续表

行为	福利影响 /[元/(人·a)]	减排量 /[kg/(人·a)]	单位减排成本 /(元/t CO$_2$e)
在中短途旅行中选择高铁而非飞机	64.6	371.8	-173.6
在夏季高峰用电时段避免开启空调	-1 582.8	217.2	7 286.6
离开房间时随手关灯	20.2	36.3	-555.9
在家电性能相似时选择节能型而非最便宜的家电	-31.9	14.5	2 196.8
用豆腐替代传统肉类	-114.6	147.3	778.0
用植物肉替代传统肉类	-3 179.7	131.3	24 214.0
尽量避免购买和使用一次性餐具	-5.4	0.5	10 548.7
分类收集和投放生活垃圾	-238.6	34.8	6 859.9
购物时避免使用一次性塑料袋	-9.0	4.1	2 195.5
阅读时选择电子书而非纸质书	186.6	19.1	-9 749.0

相比之下，4种增进个人福利的行为中，有两种行为的成本有效性非常显著，分别是选择驾驶或乘坐新能源汽车而非燃油车（6 250.6 元/t CO$_2$e）以及阅读时选择电子书而非纸质书（-9 749.0 元/t CO$_2$e）。这意味着，实施这些行为不仅能提升个人福利，还能带来显著的减排收益。因此，这些低碳行为中的"低垂的果实"应该被政策制定者优先考虑和推广。

9.3.3 个体福利的影响因素分析

在了解了各种减排行为对个人福利影响和减排效果的总体情况后，本节将通过单因素敏感性分析来比较影响每种行为的各种不确定性因素的独立贡献，从而确定哪些现实因素对个人福利影响最显著。

本部分并未对所有12种减排行为逐一进行敏感性分析，而是通过两个关键指标来缩小研究的关注和讨论范围。首先，本研究识别出3种对个人福利改善和对社会减排收益的影响均在平均水平以上的行为（选择驾驶或乘坐新能源汽车而非燃油车、用豆腐替代传统肉类、在中短途旅行中选择高铁而非飞机）。这些行为也被本研究视为需求侧减排策略中"低垂的果实"。此外，本研究也将减排潜力最大的行为即使用公共交通工具如公交车和地铁替代私家车出行纳入敏感性分析中。所选择的这4种行为在降低需求侧碳排放和保持个体福利方面具有重要意义，因而针对这4种行为的分析能够为政策制定者和公众提供更有价值的参考。

就选择驾驶或乘坐新能源汽车而非燃油车这一行为而言（图9-2），影响个人福利水平的关键因素是燃油车的保有成本，包括购车和日常维护费用。如果个人拥有的燃油车成本较低，转向新能源车可能会导致福利损失；相反，如果燃油车成本较高，那么转向新能源车可能带来福利的提升。因此，通过提高燃油车购置税或为新能源车消费者提供补贴等手段来扩大这两类车的价格差距，可以有效促进公众转向新能源车。另外，与车辆驾驶相关的燃料成本（燃油车的汽油价格和新能源汽车的电价）对个人福利的影响相对较小，这主要是因为在本研究的参数信息库中，这两个参数的取值范围相对固定，反映出现实中燃油车的汽油价格和新能源汽车的电价水平相对稳定，没有剧烈波动。因此，从政策角度来看，通过调整燃料价格来激励燃油车车主选择新能源汽车是不太可能的。

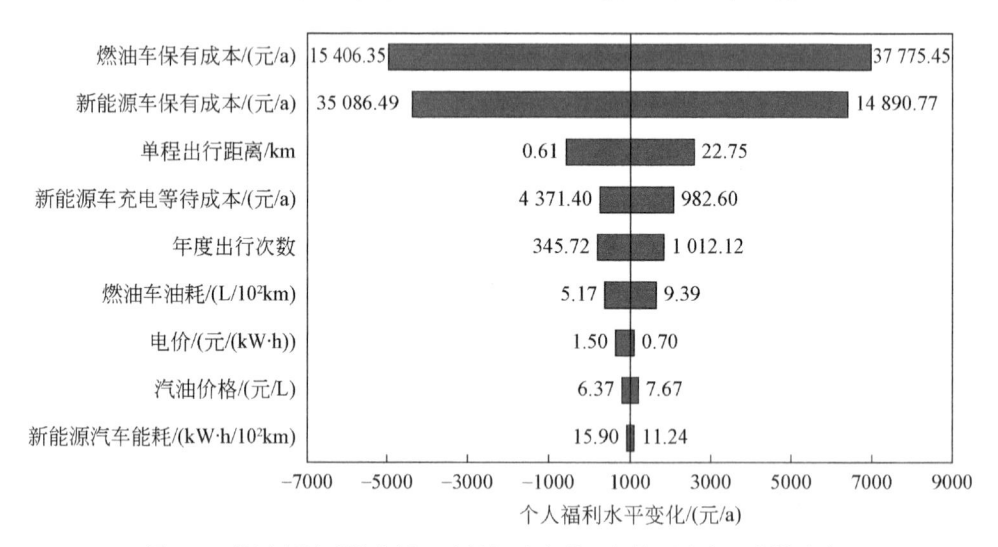

参数	低值	高值
燃油车保有成本/(元/a)	15 406.35	37 775.45
新能源车保有成本/(元/a)	35 086.49	14 890.77
单程出行距离/km	0.61	22.75
新能源车充电等待成本/(元/a)	4 371.40	982.60
年度出行次数	345.72	1 012.12
燃油车油耗/(L/10²km)	5.17	9.39
电价/(元/(kW·h))	1.50	0.70
汽油价格/(元/L)	6.37	7.67
新能源汽车能耗/(kW·h/10²km)	15.90	11.24

图 9-2 单因素敏感性分析（选择驾驶或乘坐新能源汽车而非燃油车）

注：柱形两侧数字表示纵轴各个参数取 10% 和 90% 分位数时对个人福利水平的平均影响

单因素敏感性分析有助于政策制定者识别那些更容易受政策影响而改变行为的目标群体。图 9-2 的结果表明，单次出行距离较长的车主在转向新能源汽车后福利水平有所提升，这意味着居住在城市郊区或日常通勤距离较远的居民可能更倾向于选择新能源汽车，因此在政策设计时应更加关注如何激励那些通勤距离较近的车主进行行为转变。

用豆腐替代传统肉类这一行为影响其福利水平的因素相对简单（图 9-3）。敏感性分析的结果表明，放弃肉类饮食所造成的心理成本对饮食转变具有决定性的影响。此外，虽然肉类价格比豆腐价格对福利的影响更大，但这些价格因素对个人福利的影响还远比不上心理因素。因此，为了鼓励消费者践行低碳饮食，应当更多地关注如何减少心理障碍而非调控价格。就这一点而言，实施碳标签政策可能比肉类消费税更有效。

饮食转变的心理成本/(元/kg)	42.98 ———— 17.14
肉类价格/(元/kg)	25.45 ———— 44.37
肉类消费量/(kg/a)	52.06 ———— 0.80
豆腐价格/(元/kg)	3.50 — 2.73

个人福利水平变化/(元/a)

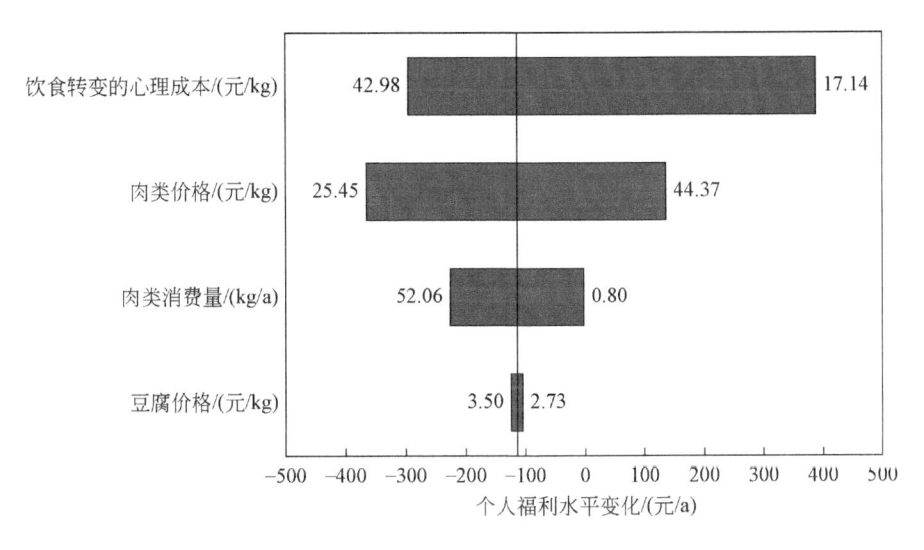

图 9-3　单因素敏感性分析（用豆腐替代肉类）

注：柱形内侧数字表示纵轴各个参数取 10% 和 90% 分位数时对个人福利水平的平均影响

图 9-4 展示了在中短途旅行中选择高铁而非飞机这一减排行为的敏感性分析结果。分析显示，对福利影响最大的因素是每年乘坐飞机的次数。那些频繁乘飞机旅行的个体在转向高铁后，会获得更大的福利提升。航空公司通常会为飞行里程较高的消费者提供额外优惠，这可能会进一步鼓励他们选择飞机而非高铁出行。因此，鼓励这部分乘客转向高铁出行，可以在显著降低航空部门碳排放的同时提升个人福利水平。

此外，飞机和高铁的相对票价也是影响个人福利的重要因素。因此，一个有效的政策措施是提供高铁额外补贴或对机票征收额外的碳排放税。本研究还发现，个人福利水平随着高铁出行时间的增加而减少，这意味着旅客在面临较长的旅途时更愿意选择飞机。因此，将高铁票价补贴与旅行距离挂钩，可以更有效地鼓励人们选择高铁出行。

虽然使用公共交通工具如公交车或地铁替代私家车出行这一行为的平均福利影响为负，但考虑到其巨大的减排潜力，分析影响这一行为转变的关键因素仍是十分必要的，能够为政策制定者设计进一步的激励措施提供参考。从图 9-5 可以看出，公共交通与私家车的单次出行时间对个人福利的影响最为显著。北京市虽然已通过车牌限号、增加公共交通基础设施建设等措施缩短公共出行时间，但仍有必要采取进一步措施来降低公共交通相对于私家车的出行时间，如提高地铁运营效率、缩短公共交通换乘时间、减少私家车占用公交专用道的情况。

| 气候时代：深度剖析需求侧减排的机遇和挑战 |

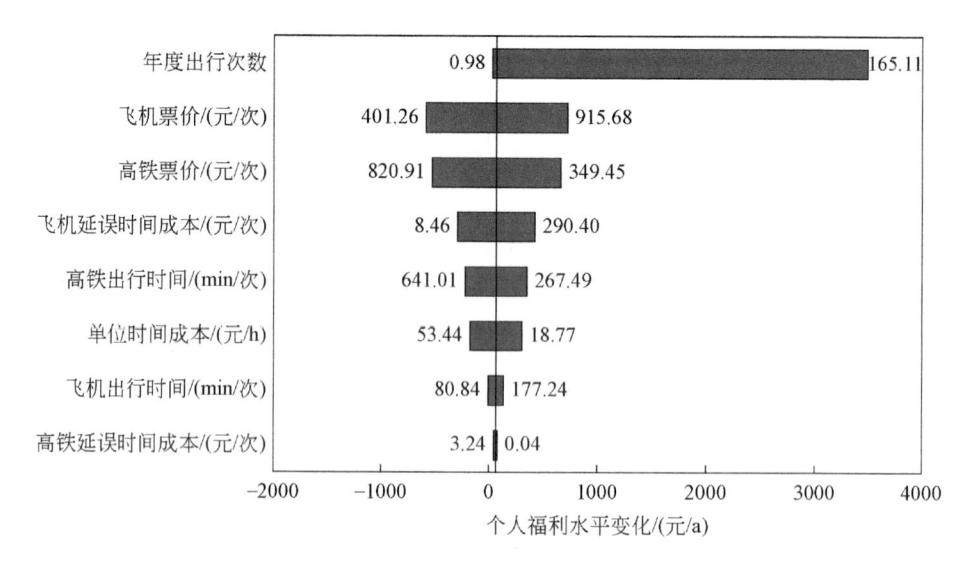

图 9-4　单因素敏感性分析（在中短途旅行中选择高铁而非飞机）

注：柱形两侧数字表示纵轴各个参数取 10% 和 90% 分位数时对个人福利水平的平均影响

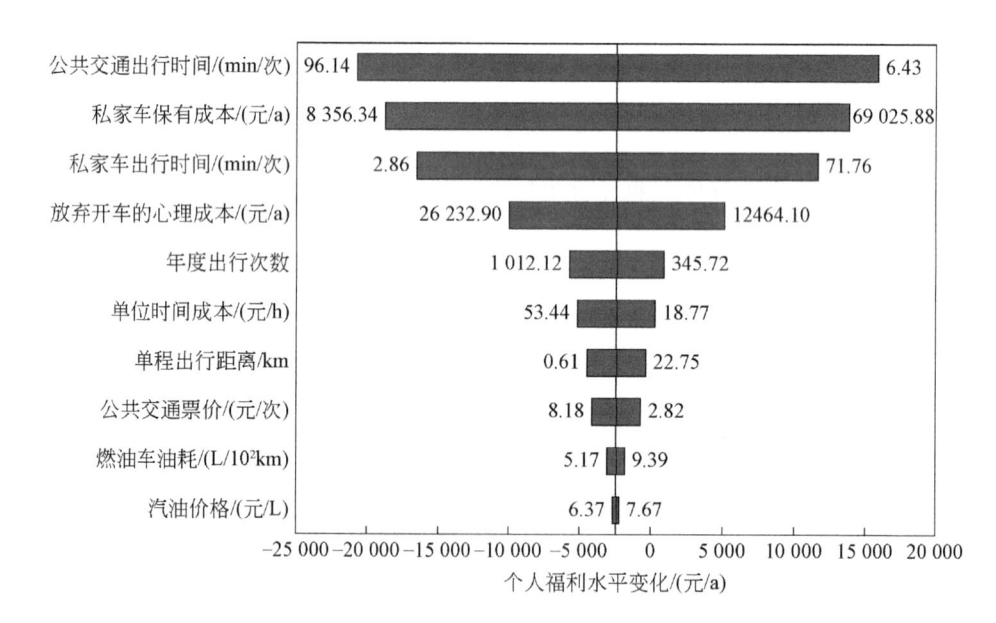

图 9-5　单因素敏感性分析（公共交通替代私家车）

注：柱形两侧数字表示纵轴各个参数取 10% 和 90% 分位数时对个人福利水平的平均影响

此外，由私家车转向公共交通的心理成本对福利的影响也非常显著，主要是因为公共交通在舒适性、便捷性等方面不如私家车。因此，政府可以通过增设公交站点、提高基础设施的便捷性等措施来提升乘客的出行体验，从而降低这部分非货币成本。值得注意的是，降低公共交通票价对个人福利的影响并不显著。因此，仅仅通过降低公共出行成本可能不足以吸引公众转向绿色低碳出行。

9.4 结论与政策建议

需求侧减排是应对全球气候变化和减少温室气体排放的关键策略之一。然而，鼓励公众采取低碳减排行动通常效果有限，这主要是因为这些行为改变可能会降低人们的福利水平。为了确定哪些低碳减排行为可能对个人福利产生积极影响，本研究采用成本-收益分析框架，对北京市居民采取的 12 种常见低碳减排行为的福利变化和减排效果进行了计算。

本研究的主要发现如下。首先，在所考察的 12 种需求侧减排行为中，有 8 种行为的平均福利影响为负，这意味着采取这些行为会使个人蒙受损失。因此，在没有额外激励的情况下，大多数低碳行为都不会被公众广泛采纳。然而，在这 8 种福利影响为负的行为中，仍存在一些行为对大多数人的福利水平产生积极影响。例如，从私家车转向公共交通可以使 45.5% 的居民福利得到改善，减少外卖中一次性餐具的使用能够使 41.3% 的居民福利水平得到提升。

其次，本研究计算了 12 种需求侧减排行为相应的减排量，并将减排量与行为的福利影响相结合，得出了每种行为的单位减排成本。结果显示，北京市居民采取需求侧减排行为的平均减排成本高达几千元，这一成本远高于欧盟碳市场的平均碳价。尽管如此，仍有一些低碳行为既能显著提升个人福利，又能有效促进碳减排，如选择驾驶或乘坐新能源汽车而非燃油车、阅读时选择电子书而非纸质书以及离开房间时随手关灯，这些都是值得优先推广的"低垂的果实"。

此外，鉴于每种行为的福利影响受多种不确定因素共同影响，本研究运用单因素敏感性分析来确定哪些因素对需求侧减排行为的福利影响最为关键。这一分析为政策制定者推广特定减排行为提供了有益的指导。例如，在推广新能源汽车替代燃油车的情况下，研究发现调整燃料价格（如油价或电价）对于激励公众转向新能源车出行的效果有限。相比之下，通过调整燃油车购置税和新能源汽车补贴增大两种车型在销售价格上的差异，是促进行为转变更为有效的方法。基于以上结论，本章提出如下政策建议。

首先，政策制定者应优先推广那些对个人福利具有积极影响的低碳减排行为，以最小的政策阻力促进需求侧碳排放量的降低。同时，当前的低碳减排政策

| 气候时代：深度剖析需求侧减排的机遇和挑战 |

宣传和教育往往集中于对个人福利和碳减排影响较小的行为，如减少一次性塑料袋使用、生活垃圾分类、减少一次性餐具使用等。虽然这些行为的改变较为容易，但其减排效果有限。因此，在推广绿色行为时，应更加重视那些对个人碳足迹有显著影响的行为，如减少乘飞机长途旅行、避免驾乘私家车、购买和驾驶新能源汽车等。

其次，我国各级政府和一些大型企业已开始实施碳普惠机制，以激励需求侧的降碳减排行为。碳普惠机制利用移动互联网、大数据等技术，根据一定的技术标准对公众的低碳行为进行减排量化核证，并通过交易、兑换、优惠等方式提供市场化或政策激励。本研究关于个人减排行为成本有效性的分析以及单位减排成本的计算，可以为我国碳普惠机制的发展提供支持。

最后，虽然本研究的结论主要针对北京市居民的需求侧活动水平和减排情况，但所提出的成本-收益分析法和基于该方法建立的需求侧减排行为成本-收益参数信息库可以轻松地应用于其他地区的减排情景分析。未来，政策制定者可以参考成本-收益的框架，利用更精细化和现实的数据，建立需求侧减排行为的分析工具，为确定政策重点和设计有效激励措施提供科学依据。

参 考 文 献

蔡进, 曲宠颐. 2023. 建设性新闻视角下我国主流媒体气候传播策略的十年流变: 以《人民日报》为例. 科技传播, 15 (7): 64-66.

曹志杰, 陈绍军. 2012. 气候风险视域下气候移民的迁移机理、现状与对策. 中国人口·资源与环境, 22 (11): 45-50.

陈龙. 2023. 主流媒体的气候传播策略研究: 基于对《人民日报》气候报道 (2002—2022) 的内容分析. 河池学院学报, 43 (3): 104-113.

崔维军, 杜宁, 李宗锴, 等. 2015. 气候变化认知、社会责任感与公众减排行为: 基于 CGSS2010 数据的实证分析. 软科学, 29 (10): 39-43.

丁绪辉, 贺菊花, 王柳元. 2018. 考虑非合意产出的省际水资源利用效率及驱动因素研究: 基于 SE-SBM 与 Tobit 模型的考察. 中国人口·资源与环境, 28 (1): 157-164.

段海来, 千怀遂. 2009. 广州市城市电力消费对气候变化的响应. 应用气象学报, 20 (1): 80-87.

段红霞, 吕艳丽, 李彦. 2013. 中国公众 CO_2 减排的支付意愿: 来自 4 个省市的案例. 气候变化研究进展, 9 (6): 427-435.

郭晓丹, 王帆. 2024. "双碳"目标下政府补贴、需求替代与减排效应: 来自中国乘用车市场的证据. 数量经济技术经济研究, 41 (2): 131-150.

何志扬, 张梦佳. 2014. 气候变化影响下的气候移民人力资本损失与重构: 以宁夏中南部干旱地区为例. 中国人口·资源与环境, 24 (12): 109-116.

胡赛全, 刘展余, 袁依格, 等. 2024. 高频诉诸权威如何影响公众对气候传播的响应?: 来自文本分析和实验研究的证据. 管理科学学报, 27 (11): 1-16.

李国栋, 罗瑞琦, 谷永芬. 2019. 政府推广政策与新能源汽车需求: 来自上海的证据. 中国工业经济, (4): 42-61.

李晓敏, 刘毅然, 杨娇娇. 2020. 中国新能源汽车推广政策效果的地域差异研究. 中国人口·资源与环境, 30 (8): 51-61.

李秀菊, 王健. 2012. 中国东北地区城市公众气候变化意识的初步分析. 中国人口·资源与环境, 22 (S1): 118-121.

李玉洁. 2015. 基于全球调查数据的中国公众气候变化认知与政策研究. 环境保护科学, 41 (2): 26-31.

刘文玲, 杜琛仪, 肖舒文. 2022. 实践与供给: 面向碳中和的需求侧解决方案. 中国环境管理, 14 (1): 22-30.

苗兴伟, 刘波. 2023. 生态话语分析视角下的气候变化故事: 以《人民日报》气候变化新闻报道为例．山东外语教学，44（5）：11-24．

齐绍洲，柳典，李锴，等．2019．公众愿意为碳排放付费吗？：基于"碳中和"支付意愿影响因素的研究．中国人口·资源与环境，29（10）：124-134．

覃哲，郑权．2020．《人民日报》2015—2019年气候报道的特征与健康风险话语文本分析．文化与传播，9（4）：7-13．

宋双杰，曹晖，杨坤．2011．投资者关注与IPO异象：来自网络搜索量的经验证据．经济研究，46（S1）：145-155．

童亦斌，游小杰，王怡岚，等．2017．空调负荷虚拟储能技术研究．北京交通大学学报，41（5）：126-131．

王彬彬．2020．气候中国：全球气候治理与中国公众认知研究．北京：社会科学文献出版社出版．

王彬彬，顾秋宇．2019．中国公众气候认知与消费意愿的关系研究．中国人口·资源与环境，29（9）：41-50．

王灿，蔡闻佳，郑馨竺，等．2022．碳中和目标下气候政策研究的前沿问题．北京理工大学学报（社会科学版），24（4）：74-80．

王建明．2015．环境情感的维度结构及其对消费碳减排行为的影响：情感—行为的双因素理论假说及其验证．管理世界，31（12）：82-95．

王宇哲，赵静．2018．"用钱投票"：公众环境关注度对不同产业资产价格的影响．管理世界，34（9）：46-57．

王玉君，韩冬临．2016．经济发展、环境污染与公众环保行为：基于中国CGSS2013数据的多层分析．中国人民大学学报，30（2）：79-92．

谢宏佐，陈涛．2012．中国公众应对气候变化行动意愿影响因素分析：基于国内网民3489份的调查问卷．中国软科学，（3）：79-92．

新浪微博数据中心．2024．2023微博年轻用户发展报告．https://data.weibo.com/report/reportDetail?id=471［2024-04-04］．

许嘉俊，杨晓军，李睿．2024．城市居民生活碳排放及影响因素的时空异质性．中国环境科学，44（3）：1732-1742．

余庆年，施国庆，陈绍军．2011．气候变化移民：极端气候事件与适应：基于对2010年西南特大干旱农村人口迁移的调查．中国人口·资源与环境，21（8）：29-34．

俞庆进，张兵．2012．投资者有限关注与股票收益：以百度指数作为关注度的一项实证研究．金融研究，（8）：152-165．

曾繁旭，戴佳，王宇琦，等．2023．面向中国公众的气候叙事：六类人群与叙事方案．北京：清华大学新闻与传播学院气候传播与风险治理研究中心．

张莹，姬潇然，王谋．2021．国际气候治理中的公正转型议题：概念辨析与治理进展．气候变化研究进展，17（2）：245-254．

赵冠伟，黄勋，李青芫，等．2017．广州市环境保护信访事件时空演变特征及对策研究．中国人口·资源与环境，27（S1）：67-69．

郑保卫．2011．气候传播理论与实践：气候传播战略研究．北京：人民日报出版社．

参考文献

郑思齐, 万广华, 孙伟增, 等. 2013. 公众诉求与城市环境治理. 管理世界, 29 (6): 72-84.

郑艳, 潘家华, 吴向阳. 2006. 影响北京城市增温的主要社会经济因子分析. 气候变化研究进展, 2 (4): 188-192.

中国国际低碳学院, 济南市生态环境局起步区分局, 中国地摊经济发展促进会. 2024. 碳普惠2023年度调查报告. https://mp.weixin.qq.com/s/uCJK-TwmIjXoQhSSV8-H3A[2024-03-28].

中国互联网络信息中心. 2023. 第52次《中国互联网络发展状况统计报告》. https://www.cnnic.net.cn/n4/2023/0828/c88-10829.html[2024-04-01].

中国农业科学院. 2023. 中国农科院发布食物与营养报告: 我国每年损耗浪费食物4.6亿吨. https://baijiahao.baidu.com/s?id=1785692240444127820&wfr=spider&for=pc[2025-01-28].

中国气候传播项目组. 2011. 气候传播理论与实践——气候传播战略研究. 北京: 人民日报出版社.

中国气候传播项目中心. 2017. 2017年中国公众气候变化与气候传播认知状况调研报告. http://www.tanjiaoyi.com/article-22759-1.html[2024-04-01].

中国气象局气候变化中心. 2023. 中国气候变化蓝皮书-2023. 北京: 科学出版社.

中国社会科学院生态文明大数据实验室课题组. 2024. 2024中国公众气候变化认知报告: 中国公众对应对气候变化有高度共识. https://baijiahao.baidu.com/s?id=1816046375722774975&wfr=spider&for=pc[2025-01-28].

周娴, 陈德敏. 2019. 公众参与气候变化应对的反思与重塑. 中国人口·资源与环境, 29 (10): 115-123.

Abrahamse W, Steg L. 2009. How do socio-demographic and psychological factors relate to households' direct and indirect energy use and savings? . Journal of Economic Psychology, 30 (5): 711-720.

Allcott H. 2011. Social norms and energy conservation. Journal of Public Economics, 95: 1082-1095.

Alvi S, Nawaz S M N, Khayyam U. 2020. How does one motivate climate mitigation? Examining energy conservation, climate change, and personal perceptions in Bangladesh and Pakistan. Energy Research & Social Science, 70: 101645.

Ambrey C L, Daniels P. 2017. Happiness and footprints: assessing the relationship between individual well-being and carbon footprints. Environment, Development and Sustainability, 19 (3): 895-920.

Andre P, Boneva T, Chopra F, et al. 2024. Globally representative evidence on the actual and perceived support for climate action. Nature Climate Change, 14 (3): 253-259.

Auffhammer M. 2022. Climate Adaptive Response Estimation: Short and long Run impacts of climate change on residential electricity and natural gas consumption. Journal of Environmental Economics and Management, 114: 102669.

Bai Y, Liu Y. 2013. An exploration of residents' low-carbon awareness and behavior in Tianjin, China. Energy Policy, 61: 1261-1270.

Bakhsh A, Lee S J, Lee E Y, et al. 2021. Evaluation of rheological and sensory characteristics of plant-based meat analog with comparison to beef and pork. Food Science of Animal Resources, 41 (6): 983-996.

Barros B, Wilk R. 2021. The outsized carbon footprints of the super-rich. Sustainability: Science, Practice and Policy, 17 (1): 316-322.

Bergquist M, Nilsson A, Harring N, et al. 2022. Meta-analyses of fifteen determinants of public opinion about climate change Taxes and laws. Nature Climate Change, 12 (3): 235-240.

Bergquist M, Nilsson A, Schultz P W. 2019. Experiencing a severe weather event increases concern about climate change. Frontiers in Psychology, 10: 220.

Bergquist P, Mildenberger M, Stokes L C. 2020. Combining climate, economic, and social policy builds public support for climate action in the US. Environmental Research Letters, 15 (5): 054019.

Berthold A, Cologna V, Hardmeier M, et al. 2023. Drop some money! The influence of income and subjective financial scarcity on pro-environmental behaviour. Journal of Environmental Psychology, 91: 102149.

Bessec M, Fouquau J. 2008. The non-linear link between electricity consumption and temperature in Europe: A threshold panel approach. Energy Economics, 30 (5): 2705-2721.

Blennow K, Persson J. 2021. To mitigate or adapt? Explaining why citizens responding to climate change favour the former. Land, 10 (3): 240.

Böhm R, Gürerk Ö, Lauer T. 2020. Nudging climate change mitigation: A laboratory experiment with inter-generational public goods. Games, 11 (4): 42.

Bradley G L, Babutsidze Z, Chai A, et al. 2020. The role of climate change risk perception, response efficacy, and psychological adaptation in pro-environmental behavior: A two nation study. Journal of Environmental Psychology, 68: 101410.

Breyer B, Chang H. 2014. Urban water consumption and weather variation in the Portland, Oregon metropolitan area. Urban Climate, (9): 1-18.

Brody S, Grover H, Vedlitz A. 2012. Examining the willingness of Americans to alter behaviour to mitigate climate change. Climate Policy, 12 (1): 1-22.

Bryant C, Szejda K, Parekh N, et al. 2019. A survey of consumer perceptions of plant-based and clean meat in the USA, India, and China. Frontiers in Sustainable Food Systems, (3): 11.

Burke M, Emerick K. 2016. Adaptation to climate change: Evidence from US agriculture. American Economic Journal: Economic Policy, 8 (3): 106-140.

Cai R H, Feng S Z, Oppenheimer M, et al. 2016. Climate variability and international migration: The importance of the agricultural linkage. Journal of Environmental Economics and Management, 79: 135-151.

Carlsson-Kanyama A, González A D. 2009. Potential contributions of food consumption patterns to climate change. The American Journal of Clinical Nutrition, 89 (5): 1704S-1709S.

Cayla J M, Maizi N, Marchand C. 2011. The role of income in energy consumption behaviour: Evidence from French households data. Energy Policy, 39 (12): 7874-7883.

Chai A, Bradley G, Lo A, et al. 2015. What time to adapt? The role of discretionary time in sustaining the climate change value-action gap. Ecological Economics, 116: 95-107.

Chancel L. 2022. Global carbon inequality over 1990 – 2019. Nature Sustainability, 5 (11): 931-938.

Chen B, Xie M M, Feng Q Q, et al. 2021. Heat risk of residents in different types of communities from urban heat-exposed areas. Science of The Total Environment, 768: 145052.

Chen L, Wemhoff A P. 2022. Assessing the impact of electricity consumption on water resources in the U.S.. Resources, Conservation and Recycling, 178: 106087.

Chen Y, Zhang Z S. 2022. Exploring public perceptions on alternative meat in China from social media data using transfer learning method. Food Quality and Preference, 98: 104530.

Choi D, Gao Z Y, Jiang W X. 2020. Attention to global warming. The Review of Financial Studies, 33 (3): 1112-1145.

Choudhury D, Singh S, Seah J S H, et al. 2020. Commercialization of plant-based meat alternatives. Trends in Plant Science, 25 (11): 1055-1058.

Chung J Y, Bryant C J, Asher K E. 2023. Plant-based meats in China: A cross-sectional study of attitudes and behaviours. Journal of Human Nutrition and Dietetics, 36 (3): 1090-1100.

Coffel E D, Horton R M, de Sherbinin A. 2018. Temperature and humidity based projections of a rapid rise in global heat stress exposure during the 21st century. Environmental Research Letters, 13 (1): 014001.

Cohen M A, Vandenbergh M P. 2012. The potential role of carbon labeling in a green economy. Energy Economics, 34: S53-S63.

Cologna V, Berthold A, Siegrist M. 2022. Knowledge, perceived potential and trust as determinants of low- and high-impact pro-environmental behaviours. Journal of Environmental Psychology, 79: 101741.

Colombo S L, Chiarella S G, Lefrançois C, et al. 2023. Why knowing about climate change is not enough to change: A perspective paper on the factors explaining the environmental knowledge-action gap. Sustainability, 15 (20): 14859.

Costa D L, Kahn M E. 2013. Energy conservation "nudges" and environmentalist ideology: Evidence from a randomized residential electricity field experiment. Journal of the European Economic Association, 11 (3): 680-702.

Coury M. 2023. Climate risk and preferences over the size of government: evidence from California wildfires. The Review of Economics and Statistics, (1): 1-46.

Creutzig F, Fernandez B, Haberl H, et al. 2016. Beyond technology: Demand-side solutions for climate change mitigation. Annual Review of Environment and Resources, 41: 173-198.

Creutzig F, Niamir L, Bai X M, et al. 2021. Demand-side solutions to climate change mitigation consistent with high levels of well-being. Nature Climate Change, 12 (1): 36-46.

Creutzig F, Roy J, Lamb W F, et al. 2018. Towards demand-side solutions for mitigating climate change. Nature Climate Change, 8 (4): 260-263.

Creutzig F. 2021. A typology of 100,000 publications on demand, services and social aspects of climate change mitigation. Environmental Research Letters, 16 (3): 033001.

Curnock M I, Marshall N A, Thiault L, et al. 2019. Shifts in tourists' sentiments and climate risk perceptions following mass coral bleaching of the Great Barrier Reef. Nature Climate Change, 9 (7): 535-541.

Currie J, Neidell M. 2005. Air pollution and infant health: What can we learn from California's recent experience?. The Quarterly Journal of Economics, 120 (3): 1003-1030.

Deschênes O, Greenstone M. 2007. The economic impacts of climate change: Evidence from agricultural output and random fluctuations in weather. American Economic Review, 97 (1): 354-385.

Detzel A, Krüger M, Busch M, et al. 2022. Life cycle assessment of animal-based foods and plant-based protein-rich alternatives: An environmental perspective. Journal of the Science of Food and Agriculture, 102 (12): 5098-5110.

Donner S D, McDaniels J. 2013. The influence of national temperature fluctuations on opinions about climate change in the U.S. since 1990. Climatic Change, 118 (3): 537-550.

Doremus J M, Jacqz I, Johnston S. 2022. Sweating the energy bill: Extreme weather, poor households, and the energy spending gap. Journal of Environmental Economics and Management, 112: 102609.

Druckman A, Jackson T. 2010. The bare necessities: How much household carbon do we really need?. Ecological Economics, 69 (9): 1794-1804.

Du M Y, Chai C S, Di W F, et al. 2023. What affects adolescents' willingness to maintain climate change action participation: An extended theory of planned behavior to explore the evidence from China. Journal of Cleaner Production, 422: 138589.

Dunlap R E, van Liere K D. 1978. The "new environmental paradigm". The Journal of Environmental Education, 9 (4): 10-19.

Egan K J, Herriges J A, Kling C L, et al. 2009. Valuing water quality as a function of water quality measures. American Journal of Agricultural Economics, 91 (1): 106-123.

Ekoh S S, Teron L, Ajibade I. 2023. Climate change and coastal megacities: Adapting through mobility. Global Environmental Change, 80: 102666.

Fan L X, Gai L T, Tong Y, et al. 2017. Urban water consumption and its influencing factors in China: Evidence from 286 cities. Journal of Cleaner Production, 166: 124-133.

Fanning A L, O'Neill D W. 2019. The wellbeing-consumption paradox: Happiness, health, income, and carbon emissions in growing versus non-growing economies. Journal of Cleaner Production, 212: 810-821.

Ferraro P J, Price M K. 2013. Using nonpecuniary strategies to influence behavior: Evidence from a large-scale field experiment. Review of Economics and Statistics, 95 (1): 64-73.

Fremstad A, Paul M. 2019. The impact of a carbon tax on inequality. Ecological Economics, 163: 88-97.

Gallagher J. 2014. Learning about an infrequent event: Evidence from flood insurance take-up in the United States. American Economic Journal: Applied Economics, 6 (3): 206-233.

Gifford R. 2011. The dragons of inaction: psychological barriers that limit climate change mitigation and adaptation. American Psychologist, 66 (4): 290-302.

Godfray H C J, Aveyard P, Garnett T, et al. 2018. Meat consumption, health, and the environment. Science, 361 (6399): eaam5324.

González-Hernández D L, Aguirre-Gamboa R A, Meijles E W. 2023. The role of climate change perceptions and sociodemographics on reported mitigation efforts and performance among households in northeastern Mexico. Environment, Development and Sustainability, 25 (2): 1853-1875.

Graça J, Calheiros M M, Oliveira A. 2015. Attached to meat? (Un) Willingness and intentions to adopt a more plant-based diet. Appetite, 95: 113-125.

Grafton R Q, Ward M B, To H, et al. 2011. Determinants of residential water consumption: Evidence and analysis from a 10-country household survey. Water Resources Research, 47 (8): W08537.

Greenstone M, Nath I. 2019. Do renewable portfolio standards costeffective carbon abatement? Journal of the Association of Environmental and Resource Economists, 6 (S1): S131-S168.

Grummon A H, Lee C J Y, Robinson T N, et al. 2023. Simple dietary substitutions can reduce carbon footprints and improve dietary quality across diverse segments of the US population. Nature Food, 4 (11): 966-977.

Guhathakurta S, Gober P. 2007. The impact of the Phoenix urban heat island on residential water use. Journal of the American Planning Association, 73 (3): 317-329.

Gupta E. 2016. The effect of development on the climate sensitivity of electricity demand in India. Climate Change Economics, 7 (2): 1650003.

Hagmann D, Ho E H, Loewenstein G. 2019. Nudging out support for a carbon tax. Nature Climate Change, 9 (6): 484-489.

Hall M P, Lewis N A, Jr, Ellsworth P C. 2018. Believing in climate change, but not behaving sustainably: Evidence from a one-year longitudinal study. Journal of Environmental Psychology, 56: 55-62.

Hazlett C, Mildenberger M. 2020. Wildfire exposure increases pro-environment voting within democratic but not republican areas. American Political Science Review, 114 (4): 1359-1365.

He J, Evans N M, Liu H Z, et al. 2020. A review of research on plant-based meat alternatives: Driving forces, history, manufacturing, and consumer attitudes. Comprehensive Reviews in Food Science and Food Safety, 19 (5): 2639-2656.

Hjorth T, Huseinovic E, Hallström E, et al. 2020. Changes in dietary carbon footprint over ten years relative to individual characteristics and food intake in the Västerbotten Intervention Programme. Scientific Reports, 10: 20.

Hsiang S, Kopp R, Jina A, et al. 2017. Estimating economic damage from climate change in the United States. Science, 356 (6345): 1362-1369.

Huhtala A, Lankia T. 2012. Valuation of trips to second homes: Do environmental attributes matter?. Journal of Environmental Planning and Management, 55 (6): 733-752.

Hyde T, Albarracín D. 2023. Record-breaking heat days disproportionately influence heat perceptions.

Scientific Reports, 13 (1): 17011.

IEA. 2024. CO$_2$ Emissions in 2023. https://www.iea.org/reports/CO2-emissions-in-2023 [2024-12-02].

IPCC. 2007. Climate change 2007: mitigation of climate change. Cambridge: Cambridge University Press.

IPCC. 2013. 2013: Climate Change 2013: The Physical Science Basis. Cambridge: Cambridge University Press.

IPCC. 2014. 2014: Climate Change 2014: Mitigation of Climate Change. Cambridge: Cambridge University Press.

IPCC. 2018. Climate change 2018: Global Warming of 1.5℃. Cambridge: Cambridge University Press.

IPCC. 2023. AR6 Climate Change 2023: Synthesis Report. https://www.ipcc.ch/report/sixth-assessment-report-cycle/ [2024-03-22].

Isham A, Verfuerth C, Armstrong A, et al. 2022. The problematic role of materialistic values in the pursuit of sustainable well-being. International Journal of Environmental Research and Public Health, 19 (6): 3673.

Ivanova D, Barrett J, Wiedenhofer D, et al. 2020. Quantifying the potential for climate change mitigation of consumption options. Environmental Research Letters, 15 (9): 093001.

Ivanova D, Stadler K, Steen-Olsen K, et al. 2016. Environmental impact assessment of household consumption. Journal of Industrial Ecology, 20 (3): 526-536.

Jeuland M, Soo J-S T, Shindell D. 2018. The need for policies to reduce the costs of cleaner cooking in low income settings: Implications from systematic analysis of costs and benefits. Energy Policy, 121: 275-285.

Kang S, Eltahir E A B. 2018. North China Plain threatened by deadly heatwaves due to climate change and irrigation. Nature Communications, 9 (1): 2894.

Kennedy E H, Krahn H, Krogman N T. 2015. Are we counting what counts? A closer look at environmental concern, pro-environmental behaviour, and carbon footprint. Local Environment, 20 (2): 220-236.

Konisky D M, Hughes L, Kaylor C H. 2016. Extreme weather events and climate change concern. Climatic Change, 134 (4): 533-547.

Lang C. 2014. Do weather fluctuations cause people to seek information about climate change? . Climatic Change, 125 (3): 291-303.

Lea E J, Crawford D, Worsley A. 2006. Consumers' readiness to eat a plant-based diet. European Journal of Clinical Nutrition, 60 (3): 342-351.

Lee T M, Markowitz E M, Howe P D, et al. 2015. Predictors of public climate change awareness and risk perception around the world. Nature Climate Change, 5 (11): 1014-1020.

Li J Y, Chen F Z. 2022. The impacts of carbon emissions and energy consumption on life satisfaction: Evidence from China. Frontiers in Environmental Science, 10: 901472.

Li Y X, He P, Shan Y L, et al. 2024. Reducing climate change impacts from the global food system through diet shifts. Nature Climate Change, 14（9）：943-953.

Li Y, Johnson E J, Zaval L. 2011. Local warming：Daily variation in temperature affects beliefs and concern about climate change. Psychological Science, 22：454-459.

Li Y J, Mu X Y, Schiller A, et al. 2016. Willingness to pay for climate change mitigation：Evidence from China. The Energy Journal, 37（1）：179-194.

Li Y T, Pizer W A, Wu L B. 2019. Climate change and residential electricity consumption in the Yangtze River Delta, China. Proceedings of the National Academy of Sciences of the United States of America, 116（2）：472-477.

Lin X. 2020. Feeling is believing? Evidence from earthquake shaking experience and insurance demand. Journal of Risk and Insurance, 87（2）：351-380.

Lorenz-Spreen P, Mønsted B M, Hövel P, et al. 2019. Accelerating dynamics of collective attention. Nature Communications, 10（1）：1759.

Ma S C, Xu J H, Fan Y. 2019. Willingness to pay and preferences for alternative incentives to EV purchase subsidies：An empirical study in China. Energy Economics, 81：197-215.

Markantonis V, Bithas K. 2010. The application of the contingent valuation method in estimating the climate change mitigation and adaptation policies in Greece：An expert-based approach. Environment, Development and Sustainability, 12（5）：807-824.

Masozera M, Bailey M, Kerchner C. 2007. Distribution of impacts of natural disasters across income groups：A case study of New Orleans. Ecological Economics, 63（2/3）：299-306.

Mi Z F, Zheng J L, Meng J, et al. 2020. Economic development and converging household carbon footprints in China. Nature Sustainability, 3（7）：529-537.

Moore F C, Obradovich N, Lehner F, et al. 2019. Rapidly declining remarkability of temperature anomalies may obscure public perception of climate change. Proceedings of the National Academy of Sciences of the United States of America, 116（11）：4905-4910.

Moral-Carcedo J, Vicéns-Otero J. 2005. Modelling the non-linear response of Spanish electricity demand to temperature variations. Energy Economics, 27（3）：477-494.

Moser S, Kleinhückelkotten S. 2018. Good intents, but low impacts：Diverging importance of motivational and socioeconomic determinants explaining pro-environmental behavior, energy use, and carbon footprint. Environment and Behavior, 50（6）：626-656.

Nisa C F, Bélanger J J, Schumpe B M, et al. 2019. Meta-analysis of randomised controlled trials testing behavioural interventions to promote household action on climate change. Nature Communications, 10（1）：4545.

Ogunbode C A, Demski C, Capstick S B, et al. 2019. Attribution matters：Revisiting the link between extreme weather experience and climate change mitigation responses. Global Environmental Change, 54：31-39.

Osberghaus D, Demski C. 2019. The causal effect of flood experience on climate engagement：Evidence from search requests for green electricity. Climatic Change, 156（1）：191-207.

Ouyang D H, Zhou S, Ou X M. 2021. The total cost of electric vehicle ownership: A consumer-oriented study of China's post-subsidy era. Energy Policy, 149: 112023.

Pandey D, Agrawal M, Pandey J S, 2011. Carbon footprint: Current methods of estimation. Environmental Monitoring and Assessment, 178: 135-160.

Pavanello F, de Cian E, Davide M, et al. 2021. Air-conditioning and the adaptation cooling deficit in emerging economies. Nature Communications, 12 (1): 6460.

Piao S L, Ciais P, Huang Y, et al. 2010. The impacts of climate change on water resources and agriculture in China. Nature, 467 (7311): 43-51.

Pohjolainen P, Vinnari M, Jokinen P. 2015. Consumers' perceived barriers to following a plant-based diet. British Food Journal, 117 (3): 1150-1167.

Praskievicz S, Chang H. 2009. Identifying the relationships between urban water consumption and weather variables in Seoul, Korea. Physical Geography, 30 (4): 324-337.

Quan Y F, Xie L Y. 2022. Serendipity of vehicle ownership restrictions: Beijing's license plate lottery cultivates non-driving behavior. Transportation Research Part D: Transport and Environment, 113: 103532.

Ray A, Hughes L, Konisky D M, et al. 2017. Extreme weather exposure and support for climate change adaptation. Global Environmental Change, 46: 104-113.

Ritchie H, Rosado P, Roser M. 2020. CO_2 and Greenhouse Gas Emissions. https://ourworldindata.org/CO2-and-greenhouse-gas-emissions[2024-12-02].

Rogers R W. 1975. A protection motivation theory of fear appeals and attitude Change1. The Journal of Psychology, 91 (1): 93-114.

Rondoni A, Grasso S. 2021. Consumers behaviour towards carbon footprint labels on food: A review of the literature and discussion of industry implications. Journal of Cleaner Production, 301: 127031.

Salvo A. 2018. Electrical appliances moderate households' water demand response to heat. Nature Communications, 9 (1): 5408.

Scarborough P, Appleby P N, Mizdrak A, et al. 2014. Dietary greenhouse gas emissions of meat-eaters, fish-eaters, vegetarians and vegans in the UK. Climatic Change, 125 (2): 179-192.

Scheitle C P. 2011. Google's insights for search: A note evaluating the use of search engine data in social research. Social Science Quarterly, 92 (1): 285-295.

Schlenker W, Walker W R. 2016. Airports, air pollution, and contemporaneous health. The Review of Economic Studies, 83 (2): 768-809.

Semenza J C, Hall D E, Wilson D J, et al. 2008. Public perception of climate change voluntary mitigation and barriers to behavior change. American Journal of Preventive Medicine, 35 (5): 479-487.

Shi J Y, Li Z X, Chen L, et al. 2023. Individual and collective actions against climate change among Chinese adults: The effects of risk, efficacy, and consideration of future consequences. Science Communication, 45 (2): 195-224.

Sisco M R, Bosetti V, Weber E U. 2017. When do extreme weather events generate attention to climate change?. Climatic Change, 143（1）: 227-241.

Spence A, Poortinga W, Butler C, et al. 2011. Perceptions of climate change and willingness to save energy related to flood experience. Nature Climate Change, 1（1）: 46-49.

Statcounter. 2024. Search Engine Market Share China. https://gs.statcounter.com/search-engine-market-share/all/china/#monthly-201101-202012［2024-04-01］.

Steptoe A, Pollard T M, Wardle J. 1995. Development of a measure of the motives underlying the selection of food: The food choice questionnaire. Appetite, 25（3）: 267-284.

Stevenson K T, Peterson M N, Bondell H D, et al. 2014. Overcoming skepticism with education: Interacting influences of worldview and climate change knowledge on perceived climate change risk among adolescents. Climatic Change, 126（3）: 293-304.

Sun M X, Chen G W, Xu X B, et al. 2021. Reducing carbon footprint inequality of household consumption in rural areas: Analysis from five representative provinces in China. Environmental Science & Technology, 55（17）: 11511-11520.

Sun S, Zhang Q, Singh V P, et al. 2022. Increased moist heat stress risk across China under warming climate. Scientific Reports, 12（1）: 22548.

Tan-Soo J S, Li J, Qin P. 2023. Individuals' and households' climate adaptation and mitigation behaviors: A systematic review. China Economic Review, 77: 101879.

Thiery W, Lange S, Rogelj J, et al. 2021. Intergenerational inequities in exposure to climate extremes. Science, 374（6564）: 158-160.

Thøgersen J, Crompton T. 2009. Simple and painless? the limitations of spillover in environmental campaigning. Journal of Consumer Policy, 32（2）: 141-163.

Thøgersen J. 2009. Promoting public transport as a subscription service: Effects of a free month travel card. Transport Policy, 16（6）: 335-343.

Tian P P, Zhong H L, Chen X J, et al. 2024. Keeping the global consumption within the planetary boundaries. Nature, 635（8039）: 625-630.

Tobler C, Visschers V H M, Siegrist M. 2012. Addressing climate change: Determinants of consumers' willingness to act and to support policy measures. Journal of Environmental Psychology, 32（3）: 197-207.

Todorov A, Chaiken S, Henderson M D. 2002. The heuristic-systematic model of social information processing. https://api.semanticscholar.org/CorpusID:56771246［2024-04-01］.

Tolppanen S, Claudelin A, Kang J. 2021. Pre-service teachers' knowledge and perceptions of the impact of mitigative climate actions and their willingness to act. Research in Science Education, 51（6）: 1629-1649.

Tvinnereim E, Fløttum K, Gjerstad Ø, et al. 2017. Citizens' preferences for tackling climate change. Quantitative and qualitative analyses of their freely formulated solutions. Global Environmental Change, 46: 34-41.

United Nations Environment Programme. 2024. Emissions Gap Report 2024: No more hot air… please! With a massive gap between rhetoric and reality, countries draft new climate commitments.

Nairobi. https://doi.org/10.59117/20.500.11822/46404[2024-04-01].

Urbanek A. 2021. Potential of modal shift from private cars to public transport: A survey on the commuters' attitudes and willingness to switch-A case study of Silesia Province, Poland. Research in Transportation Economics, 85: 101008.

van der Linden S. 2018. Warm glow is associated with low-but not high-cost sustainable behaviour. Nature Sustainability, 1 (1): 28-30.

van Valkengoed A M, Steg L. 2019. Meta-analyses of factors motivating climate change adaptation behaviour. Nature Climate Change, 9 (2): 158-163.

Wang B B, Lu D N, Xing J L, et al. 2024. Chinese public awareness, support, and confidence in China's carbon neutrality goal. Environment: Science and Policy for Sustainable Development, 66 (6): 25-36.

Wang C C, Geng L N, Rodríguez-Casallas J D. 2021. How and when higher climate change risk perception promotes less climate change inaction. Journal of Cleaner Production, 321: 128952.

Wang D, Zhang P, Chen S, et al. 2024. Adaptation to temperature extremes in Chinese agriculture, 1981 to 2010. Journal of Development Economics, 166: 103196.

Wang J H, Obradovich N, Zheng S Q. 2020. A 43-million-person investigation into weather and expressed sentiment in a changing climate. One Earth, 2 (6): 568-577.

Wang K Y, Cui Y Y, Zhang H W, et al. 2022. Household carbon footprints inequality in China: Drivers, components and dynamics. Energy Economics, 115: 106334.

Wang O, Scrimgeour F. 2021. Willingness to adopt a more plant-based diet in China and New Zealand: Applying the theories of planned behaviour, meat attachment and food choice motives. Food Quality and Preference, 93: 104294.

Wang G, Plaster M T, Bai Y L, et al. 2023. Consumers' experiences and preferences for plant-based meat food: Evidence from a choice experiment in four cities of China. Journal of Integrative Agriculture, 22 (1): 306-319.

Westlake S. 2017. A counter-narrative to carbon supremacy: Do leaders who give up flying because of climate change influence the attitudes and behaviour of others?. SSRN Electronic Journal: 3283157.

Whitmarsh L, Seyfang G, O'Neill S. 2011. Public engagement with carbon and climate change: To what extent is the public 'carbon capable'?. Global Environmental Change, 21 (1): 56-65.

Wiedenhofer D, Guan D B, Liu Z, et al. 2016. Unequal household carbon footprints in China. Nature Climate Change, 7 (1): 75-80.

Williams L E, Stein R, Galguera L. 2014. The distinct affective consequences of psychological distance and construal level. Journal of Consumer Research, 40 (6): 1123-1138.

Wu W H, Zheng J J, Fang Q H. 2020. How a typhoon event transforms public risk perception of climate change: A study in China. Journal of Cleaner Production, 261: 121163.

Wu X D, Chen G Q. 2017. Energy and water nexus in power generation: The surprisingly high amount of industrial water use induced by solar power infrastructure in China. Applied Energy, 195: 125-136.

Wynes S, Nicholas K A. 2017. The climate mitigation gap: Education and government recommendations miss the most effective individual actions. Environmental Research Letters, 12 (7): 074024.

Wyss A M, Knoch D, Berger S. 2022. When and how pro-environmental attitudes turn into behavior: The role of costs, benefits, and self-control. Journal of Environmental Psychology, 79: 101748.

Xu X M, Sharma P, Shu S J, et al. 2021. Global greenhouse gas emissions from animal-based foods are twice those of plant-based foods. Nature Food, 2 (9): 724-732.

Yan L X. 2021. Climate action and just transition. Nature Climate Change, 11 (11): 895-897.

Yang J X, Gounaridis D, Liu M M, et al. 2021. Perceptions of climate change in China: Evidence from surveys of residents in six cities. Earth's Future, 9 (12): e2021EF002144.

Yang J H, Liu N. 2025. Whether low-carbon city pilot policy can promote the transition to a green lifestyle? Evidence from China. https://doi.org/10.1007/s11518-024-5637-5 [2024-04-01].

Yang J, Zou L P, Lin T S, et al. 2014. Public willingness to pay for CO_2 mitigation and the determinants under climate change: A case study of Suzhou, China. Journal of Environmental Management, 146: 1-8.

Ye F, Kang W L, Li L X, et al. 2021. Why do consumers choose to buy electric vehicles? A paired data analysis of purchase intention configurations. Transportation Research Part A: Policy and Practice, 147: 14-27.

Yim M S, Vaganov P A. 2003. Effects of education on nuclear risk perception and attitude: Theory. Progress in Nuclear Energy, 42 (2): 221-235.

Zaval L, Cornwell J F M. 2016. Chapter: Cognitive Biases, Non-Rational Judgments, and Public Perceptions of Climate Change//Oxford Research Encyclopedia of Climate Science. New York: Oxford University Press.

Zaval L, Keenan E A, Johnson E J, et al. 2014. How warm days increase belief in global warming. Nature Climate Change, 4 (2): 143-147.

Zhang K E, Cao C, Chu H R, et al. 2023. Increased heat risk in wet climate induced by urban humid heat. Nature, 617 (7962): 738-742.

Zhang L, Adom P K. 2018. Energy efficiency transitions in China: How persistent are the movements to/from the frontier? . The Energy Journal, 39 (6): 147-170.

Zhang S H, Guo Q X, Smyth R, et al. 2022. Extreme temperatures and residential electricity consumption: Evidence from Chinese households. Energy Economics, 107: 105890.

Zhao P J, Zhang Y X. 2019. The effects of metro fare increase on transport equity: New evidence from Beijing. Transport Policy, 74: 73-83.

Zhu Y Y, Zhang Y, Zhu X H. 2023. The evolution process, characteristics and adjustment of Chinese dietary guidelines: A global perspective. Resources, Conservation and Recycling, 193: 106964.